아이의 미래를
바꾸는 엄마의
작은 습관

아이의 미래를 바꾸는 엄마의 작은 습관

초 판 1쇄 2020년 02월 19일

지은이 조원주
펴낸이 류종렬

펴낸곳 미다스북스
총괄실장 명상완
책임편집 이다경
책임진행 박새연 김가영 신은서
본문교정 최은혜 강윤희 정은희 정필례

등록 2001년 3월 21일 제2001-000040호
주소 서울시 마포구 양화로 133 서교타워 711호
전화 02) 322-7802~3
팩스 02) 6007-1845
블로그 http://blog.naver.com/midasbooks
전자주소 midasbooks@hanmail.net
페이스북 https://www.facebook.com/midasbooks425

© 조원주, 미다스북스 2020, *Printed in Korea*.

ISBN 978-89-6637-762-6 03590

값 15,000원

아이의 미래를
바꾸는 엄마의
작은 습관

조원주 지음

미다스북스

엄마는 아이에게
엄청난 영향력을 끼치는,
가장 중요한 존재이다

교사와 원장을 하며 많은 아이와 엄마들을 만났다. 나는 엄마들이 행복해 보이면 아이도 밝고 행복한 반면, 엄마가 우울하거나 힘들어 보이면 아이 역시 문제 행동을 자주 보이며, 무언가를 힘들어하는 것을 자주 보았다. 그래서 엄마가 행복해야 아이가 행복하다고 생각하게 되었다. 또 내가 엄마가 되고 나서 엄마인 내가 변해야 아이가 변한다는 것을 느끼고, 교사와 엄마들에게 조언해주었다.

결국, 아이가 문제가 아니라 어른이 문제였다. 아이를 행복하게 만드는 것도, 아이가 자존감이 높은 것도, 아이가 공감 능력이 좋은 것도, 아이가 문제 행동을 하는 것도…. 많은 것이 어른에게 달려 있었다. 그래서 아이를 가르치는 교사가 아닌 원장이 되었다. 엄마들을 도와주고 가르치기로 마음먹었다. 엄마들이 행복한 육아를 할 수 있도록 스스로 엄마들의 육아 파트너를 자청했다. 상담도 해주고, 코치도 해주고, 교육도 해준다. 그래야 아이가 행복하고 더 잘 자랄 것이라 믿어 의심치 않는다.

그러나 엄마들은 정작 자신이 아이에게 얼마나 많은 영향력을 끼치는지 잘 모른다. 아이가 왜 문제 행동을 하는지, 아이가 왜 말을 안 듣는지, 아이가 왜 우는지 모른다. 아이만의 문제라 여기며 아이를 비난하고 화를 낸다. 그러나 엄마의 육아 방식이 아주 조금만 바뀌어도 아이는 많은 변화를 보인다. 아이가 행복해지고 엄마가 편안해진다. 결국, 육아에도 공부가 필요하고 기술이 필요하다. 그래서 쉽고 부담스럽지 않게 육아 기술을 전달하고 싶었다. 모든 엄마가 조금은 덜 희생적이고, 자신을 잘 돌보며, 행복하게 자신만의 육아를 하기 바라는 마음에서 글을 쓰기로 마음먹었다. 많은 엄마들이 자신만의 육아 방법을 찾고 행복한 육아를 하는 데 이 책이 도움이 되기를 바란다.

나는 태어나서 가장 잘한 일이 무엇인지 누군가 나에게 묻는다면 고민 없이 아이를 낳고 키우는 엄마가 된 것이라 답할 것이다. 임신하고 아이를 낳고 키우며 때론 세상의 모든 고민을 다 짊어진 것같이 힘들 때도 있지만, 그 무엇보다 아이는 나에게 기쁨과 행복을 준다. 나는 아이를 낳고 삶이 변하고 있다. 날이 갈수록 꿈이 생기고 하고 싶은 것들이 많아진다. 아마 아들을 낳지 않았다면 영원히 보육교사가 되지 않았을 것이고, 어린이집 원장도 되지 않았을 것이다.

임신하고 있을 때만 해도 유아교육을 전공하고 유치원 교사를 하고 있었기에 아들을 잘 키울 수 있으리라고 자신만만했다. 그러나 아들이 내 생각만큼 호락호락하지 않았다. 밤낮으로 울어대는 통에 어떻게 아이를 키웠나 싶을 정도로 2년이 어두웠다. 이후 아들을 어린이집에 보내는 것도 실패하고, 아들 손을 잡고 어린이집에 일하러 가게 되었다. 아이의 기질도 모르고 내가 부족한 탓에 처음에는 육아가 너무 어려웠다. 그런데 그것이 공부해야겠다고 결심한 계기가 되었다. 어느새 나만의 육아 방식을 찾았고, 나처럼 육아가 어려운 엄마들을 돕고 싶은 마음이 생겼다.

또 내가 엄마로서 아들을 보내고 싶은 꿈의 어린이집을 운영해보고 싶다는 마음으로 어린이집 원장이 되었다. 교사에게는 좀 더 나은 직장을 제공하고, 아이들에게는 더 좋은 환경을 제공하고, 엄마들에게는 믿고 맡길 수 있는 어린이집을 제공하기 위해 항상 노력하고 있다.

나는 내 아들과 으뜸 아이들뿐 아니라 그들과 함께 살아갈 이 땅의 모든 아이가 행복하길 바란다. 그래서 나는 더욱더 많은 엄마들이 행복해지고 유능해지길 바라며, 많은 엄마들의 행복과 유능함에 영향력을 미치는 사람이 되고 싶어졌다. 아들 '심민준'에게 감사한다. 나에게 꿈을 주어서, 나에게 적성에 맞는 직업을 찾아 주어서, 나에게 너라는 선물을 주어서, 너무도 고맙고 사랑한다. 엄마가 더 열심히 노력하여 선한 영향력을 끼치는 좋은 원장, 좋은 작가, 좋은 강연가로 아들에게 부끄럽지 않은 멋진 엄마가 될게. 아들도 항상 행복한 사람으로 자라주렴.

나를 항상 응원하고, 사랑해준 남편과 내가 꿈을 펼칠 수 있도록 물심양면 도움을 아끼지 않았던 부모님, 시부모님께 감사드린다. 또 행복한 원을 함께 만들어주고 있는 선생님들과 학부모님께도 감사드린다.

부족한 제자를 끝까지 잘 이끌어주시고 가르쳐주신 정수진 교수님과 경상대학교 유아교육학과 교수님들께 감사드리며, 책 쓰기에 목숨 걸고 코치하시는 김태광 도사님과 권동희 대표님께 감사드립니다. 끝으로 멋진 책을 만들어주신 미다스북스 가족에게도 감사의 말 전합니다.

차례

※   책 속 이야기에 등장하는 아이들의 이름은 모두 가명입니다.

1장

엄마는 늘 아이가 고민스럽습니다

어머니,
아이 때문에 고민이세요?

걱정하고 있는 문제가 대단하지 않은 것임을
깨닫는 것만으로도 상당히 많은 걱정을 줄일 수 있다.

– 버트런드 러셀

유아교육 현장에서 10여 년 동안 일하며 많은 부모를 만나서 상담하며 아이 때문에 고민이 없는 부모를 단 한 명도 만나보지 못하였다. 급변하는 시대에 맞추어 아이를 키우는 부모들의 고민도 빠르게 변화하고 있다. 최근 3년간 부모 상담 시 가장 많이 고민하는 문제는 무엇일까?

우리 아이, 아직 기저귀를 차고 있어요

배변훈련은 13~24개월 아이에게 아주 중요한 발달과업이다. 배변훈련이 성공적으로 이루어지면 아이는 대단한 성취감을 느끼게 되고, 다음 발달과업을 이룰 심리적 준비까지 마치게 된다.

　그만큼 배변훈련은 이 시기의 아이들이 꼭 해야 하는 일이지만 억지로 강요하다가는 자칫 아이에게 마음의 상처가 되기도 하고, 강요와 방임으로 프로이드의 심리발달 이론 중 항문기 고착 성격이 된다.

　"아~ 요즘 7살 반 수업하기가 힘들어요."

　"왜요, 선생님?"

　"아이들을 주의 집중시킨 후 본 수업을 들어가려고 하면, 매번 실수하는 아이들이 있어요. 한 명 해결하고 오면, 또 한 명이 실수를 해요. 한 반을 저 혼자 20명 이상의 아이들을 돌보고 있는데, 매일 1~3명의 아이가 실수를 하다 보니 씻기고 옷을 갈아입히고 나면 어느새 오전 대집단 활동시간이 끝나더라고요."

　10년을 넘게 거의 7살 반만 맡아온 유치원 선생님의 푸념이었다. 왜 요즘은 힘들다고 했을까? 아마도 예전에는 7살 반에 매일 실수를 하는 아이들이 없었기 때문일 것이다.

10여 년 전 내가 유치원 5살 반 담임을 맡았을 때도 매일 실수를 하는 아이가 하나도 없었다. 왜 그럴까? 시대가 변하면서 부모들의 고민일 뿐만 아니라 유치원, 어린이집 교사, 원장까지도 함께 고민하게 된 배변훈련, 무엇이 문제일까? 다음 사례를 통해 살펴보자.

"선생님, 3살 반 애들 배변훈련 다 되었나요?"

"아니요, 올해는 절반도 못 하고 4살 반으로 올려야 할 것 같아요."

"왜요? 선생님, 제가 분명히 4살 반 올리기 전에 기저귀 떼자고 했었잖아요."

"민지 어머니는 어린이집에서는 잘하는데도 실수할까 봐 하원 시 계속 기저귀를 입혀달라고 하세요. 그리고 주말까지 지내고 오면 또 배변훈련을 새로 해야 해요. 민지는 잘하는데 어머니 때문에 너무 힘드네요. 또 유진이 어머니는 아이가 스트레스를 받으니 천천히 해달래요. 현주는 너무 잘 안되는데 어머니께서 함께 도와주시지 않으세요. 함께하자고 해도 하는 법을 모르겠으니 어린이집에서 해달라고 하세요."

"알겠어요, 선생님. 제가 어머님들과 이야기해볼게요."

그해 처음으로 3살 반에서 4살 반으로 올라가며 기저귀를 차고 가는 아이들이 절반 가까이나 되었다. 그런데 3월이 시작하자마자 4살 반 기저귀를 떼지 않은 부모님들과 상담 후에 모두 기저귀를 떼게 되었다. 더욱 놀라운 것은 배변훈련 1일부터 변기에 소변을 보더니 3~7일 만에 아이들이 기저귀를 전부 뗀 점이다.

아이는 배변훈련 할 준비가 되었지만, 부모가 준비되지 않았기에 어렵고 걱정이 되는 것이다. 또 엄마가 아이를 믿지 못하기에 힘든 것이다. 이는 엄마 스스로 부족한 양육지식과 심리를 드러내는 예이다. 아이가 배변훈련을 할 시기가 되기 전 엄마 먼저 마음의 준비를 마치자.

---

* 배변훈련 팁

배변훈련은 아이가 말이나 행동으로 무언가를 표현할 수 있게 되고, 소변보는 시간이 길어지면 가능하다. 모든 아이가 다르듯이 어떤 방법이 좋다고는 할 수 없지만, 엄마와 아이가 부담스럽지 않는 방법을 택해서 하는 것이 좋다. 시기가 오면 유아용 변기와 팬티, 책이나 장난감을 이용하여 관심을 갖게 해야 한다. 또 아이가 낮잠이나 밤잠을 자고 일어나서는 얼마 지나지 않아 소변을 보기 때문에 그때 변기에서 소변을 볼 수 있도록 하는 것이 가장 빨리 성공하는 방법 중 하나이다. 성공하고 난 후 아이를 꼭 칭찬해주며 아이가 더 잘 할 수 있도록 격려해야 한다.

우리 아이가 아직 말을 잘 못해요

"원장님, 저희 아들 자폐인가요. 왜 말을 하지 않지요?"

"네? 어머님 그게 무슨 말씀이세요?"

"얼마 전 아는 분을 우연히 만났어요. 그분 아이가 도현이와 나이가 같은 4살인데 아직 말을 안 해서 아동센터와 병원을 가보니 자폐라고 했다네요. 저도 4살인 도현이가 말을 잘 못 한다고 이야기했더니 자폐일지도 모른다고 했어요. 빨리 치료를 받으면 나아질지도 모른다며 병원을 권했어요. 밤새 인터넷으로 찾아보니 자폐아의 특징이 눈 맞춤과 말을 잘못한대요. 곰곰이 생각해보니 우리 도현이가 눈 맞춤도 잘 못하고 말도 못하고, 너무 걱정스러워요. 어떻게 하면 좋을까요?"

"아니에요. 어머니, 제가 도현이 반에서 자주 관찰해서 잘 알고 있어요. 절대 아니니까 걱정하지 마세요. 저를 믿고 기다려보세요."

내가 관찰한 도현이는 눈 맞춤을 못 하는 아이가 아니었다. 자신에게 불리할 경우만 눈을 피할 뿐이었다. 도현이는 자주 반 친구를 물고 때리는 아이였다. 잘못하면 눈을 피하는 것을 자주 보았기에 잘 알고 있었다.

또 도현이가 친구들과 잘 어울리지 못할 때면 내가 놀이 친구가 되어주었기에 기분 좋게 놀 때는 아이가 눈 맞춤을 잘한다는 것도 알고 있었다. 그래서 나는 자신 있게 기다리라고 말했던 것이다.

3개월 후, 도현이의 어머니는 내게 "아이가 못하는 말이 없고 한마디를 지지 않는다."라며 푸념했다.

4살이 되도록 아이를 키우면서 자신의 아이가 눈 맞춤을 못 하는 것 같다고 말하는 엄마는 무엇이 문제일까? 아마 자녀랑 눈 맞춤하며 제대로 대화 한 번, 놀이 한 번 안 해본 부모이기 때문에 고민만 하는 것이다. 아이들의 발달은 모두 제각각이다. 늦을 수도 있고 빠를 수도 있다. 언어는 더욱 그렇다. 어느 순간이 오면 폭발적으로 이루어지기 때문에 특별한 문제가 없다면 모두 말을 하게 되니 걱정을 안 해도 된다. 빨리 말하길 원한다면 아이에게 더욱 관심을 가지고 이야기하고 함께 놀이를 하자.

우리 아이, 아직 글을 몰라요

"원장님 아들은 어떻게 5살부터 한글을 읽고 쓰나요?"

"어머님, 초등학교 2학년 9살 반에 가면 한글 모르는 아이 보셨나요? 5살에 한글을 알아도 9살에 한글을 알아도 결국똑같이 한글을 아는 거예요. 5살 때 한글을 알던 아이가 9살이 되면 특별한 한글을 하게 되는 게 아니에요. 언젠가는 하게 될 건데 준비가 되지 않은 아이를 계속 닦달하면 아이는 앞으로 학습을 싫어하게 될 거예요. 저희 아들은 5살 때 한글을 알았지만 8살이 되어도 수준이 크게 달라지지 않았어요. 아직도 글을 소리 나는 대로 쓸 때가 많답니다."

왜 내 아이보다 잘하는 남의 집 아이를 찾아 끊임없이 비교하고 스스로 고민을 만드는지 모르겠다. 비교 작업이 끝난 엄마들은 우선 엄마표 수업에 돌입하게 된다. 아이가 자신의 기대만큼 따라오지 못한다고 화를 내고 아이를 실패자로 만든다. 당연히 아이는 초등학교도 가기 전에 학습에 흥미를 잃고 힘들고 무서운 기억만 가득하게 된다.

꼭 학습을 시키고 싶은 엄마들에게 엄마표 수업 하는 것을 권하지 않는다. 왜냐하면 가르치다 보면 아이가 잘 따라와주지 않을 때 분노를 조절하지 못하는 엄마들이 많고, 너무 열심히 가르치기 때문이다. 지루하고 힘든 방법으로 말이다. 아이들은 놀이를 통해 자연스럽게 학습을 할 수 있도록 도와주어야 한다. 그러나 나도 어쩔 수 없는 엄마였나 보다. 아이가 말도 잘 못하는데 놀이를 빙자한 한글 학습을 시켰다. 그러나 큰 기대를 하지 않았기에 고민스럽지는 않았다. 기대 없이 내 기분이 내킬 때 학습적으로 즐겁게 놀아준 것이 오히려 아들이 학습에 관심 가지고 좋아하게 된 계기가 된 것이 아닐까 한다. 다행히도 나는 아들을 자주 가르치지 않았다. 그래서 아들은 내가 학습적으로 더 놀아주기를 원했고 혼자서 내가 놀아주었던 것을 복습했다.

만약 매일 시간을 정하고 열심히 가르쳤다면 아들은 학습을 좋아하지 않았을 것이다. 앞으로 어떻게 변할지는 몰라도 초등학교 다니는 아들은 학교와 공부가 너무 좋다고 한다. 새롭고 어려운 것을 배우고 연습하는 것이 즐겁다고 했다. 나는 내가 열심히 가르치지 않아 정말 다행이라고 지금도 생각하고 있다.

2

우리는 아이를
얼마나 알고 있을까요?

모든 사람이 같은 것을 보더라도 똑같이 이해하지 않는다.
지성은 이를 식별하고 음미하는 혀다.

— 토마스 트래헌

아이가 문제를 일으킬 때 엄마들이 가장 많이 하는 말은 무엇일까? 드라마에서든 현실에서든 한 번쯤은 들어보았을 것이다. "우리 애 그런 애 아닙니다." 이렇게 부정한 후 탓할 거리를 찾는다. '친구를 잘못 만나서 그렇다, 환경이 어떻다'는 등의 말로 현실을 외면한다. 실상은 어떨까?

"엄마 우리 반에 매일 거짓말하는 친구가 있어. 욕도 잘해."

8살이 된 아들이 학교를 다녀와서 자주 했던 말이다. 아들 말에 의하면 민규라는 친구가 자주 거짓말을 해서 선생님께 혼이 나고 친구들한테 욕도 잘한다고 하였다.

한두 달 후 아이를 같은 반에 보내고 있는 다른 학부모를 통해 아들 반 친구들이 싸운 이야기를 듣게 되었다. 8살인데도 심하게 욕을 하고 싸워서 선생님께 혼이 났고 왜 싸웠는지 적은 뒤 부모님 사인을 받아오라고 했다고 한다. 정민이는 민규가 욕을 해서 화가 나서 한 대 때려 싸움이 났다고 적고 자신의 잘못도 모두 적었다고 한다. 그러나 민규는 자신의 잘못은 적지 않고 친구가 때려서 싸움이 된 것처럼 적었다고 한다.

그런데 싸운 다음 날 욕을 잘한다는 민규의 엄마가 학교로 찾아와 정민이에게 우리 아들이 정말 욕했냐고, 그래서 네가 내 아들 때렸냐고 물었다. 정민이가 그렇다고 하니 "우리 아들은 욕을 못하는데?"라고 이야기했다. 민규가 욕하고 싸운 것을 지켜본 많은 아이가 너도나도 민규가 욕을 했다고 증언했다. 그런데도 엄마는 믿지 못하고 정민이가 거짓말한 것 아니냐는 말을 던지고 갔다고 한다.

민규의 엄마는 왜 학교에 찾아온 걸까? 아들이 왜 싸웠는지 확인하기 위해서? 아니면 민규를 때린 친구를 만나서 "나 민규 엄마인데, 네가 내 아들 때렸니? 내 아들 때리면 나 찾아온다."라는 것을 보여주기 위해? 민규의 엄마는 아들이 욕과 거짓말을 자주 하는데 그것을 한 번도 본 적 없는 것일까? 아니면 알면서도 묵인하는 것일까? 아마도 자녀의 나쁜 행동에 대해 듣고 싶지도 알고 싶지도 않은 부모일 것이다. 오직 아들이 친구한테 맞은 것만 신경 쓰일 뿐이지.

어릴 때 거짓말을 하는 것은 문제가 되지 않는다. 자기중심적인 사고로 인해 다양하게 거짓말을 한다. 알고도 하고, 현실과 헷갈려서 하기도 하고, 관심을 받기 위해서도 하고, 때로는 소망을 말하기도 한다. 또 상대를 배려하는 거짓말을 할 수 있다. 그러나 8살이 되면 아이들은 옳고 그름을 분간할 수 있게 되고, 다양한 상황에서 다양한 이유로 의도적인 거짓말을 한다.

보통 8살 아이들은 어떤 상황을 회피하기 위해 거짓말을 많이 하는 편이다. 무슨 잘못을 하면 "아니야, 내가 안 그랬어, 나는 가만히 있었는데 친구가 먼저 때리고 욕했어." 등의 말로 야단을 맞을 상황이 두려워서 거짓말한다. 평소에 어떤 실수를 했을 때 부모가 아이에게 화를 자주 냈다면 아이는 더욱 회피형 거짓말을 하게 된다. 이럴 때는 화를 내지 말고 차근차근 이야기를 들어주며 무엇이 잘못인지에 대해 이야기 나누어야 한다. 아이가 실수한 상황이라면 "괜찮아, 그럴 수 있어."라고 다독여준다. 그리고 거짓말한 것이 더 나쁜 것이라는 것을 이야기해주어야 한다. 거짓말을 하는 것을 알고 있는데도 묵인하고 그대로 둔다면 아이는 변화하지 않고 계속 욕하고 남을 기만하는 아이가 될 것이다.

엄마가 변해야 아이도 변합니다

4살 건우는 매일 아침이 전쟁이다. 어린이집을 가지 않으려고 "무서워, 싫어."라는 말을 하며 옷을 입지 않고 신발을 신지 않으려고 엄마와 실랑이를 한다. 겨우겨우 옷을 입혀서 아이를 안고 오거나 어떤 날은 끌고 와서 우는 건우를 억지로 어린이집 차에 태우고 아들이 우는 모습에 안되어 보이고 미안한 마음에 매일 눈시울을 붉힌다. 그러나 건우는 차 문만 닫으면 언제 그랬냐는 듯이 울음을 그친다. 엄마는 차 문을 닫은 채 아들이 어떻게 하는지 보면 정말 황당할 때가 많다. 아이는 어린이집에 와서는 기분 좋게 잘 놀고 잘 먹고 잘 잔다. 엄마는 매일 이런 말을 한다. "우리 건우가 왜 이러는지 모르겠어요." 만약 건우가 등원 시 차 문을 닫았을 때도 울고 원에서도 잘 지내지 못했다면 부모님은 어린이집을 의심했을 것이다. 그러나 하원 할 때는 기분 좋게 집으로 가고, 등원 시에도 차 문만 닫으면 엄마가 갔다고 생각해서인지 울음을 뚝 그치며 아무렇지 않게 있다. 선생님들은 말한다.

"건우는 정말 엄마를 힘들게 할 줄 아는 것 같아요. 건우는 어린이집에서는 너무 잘 지내는데 엄마만 있으면 엄마를 너무 힘들게 하네요. 어린이집에서는 말 잘 듣고 잘 노는 귀여운 아이인데…."

그렇다면 어린이집에서는 너무나 착한 건우는 왜 아침마다 엄마 마음을 힘들게 만들까? 아이가 보이는 문제 행동은 대부분 엄마와의 관계에서 비롯된 경우가 많다. 엄마의 반응을 보고 아이들도 어떤 행동을 계속할지 말지를 결정한다. 엄마가 계속 미안해하는 표정, 울음, 슬픔, 화, 짜증을 보이면 아이는 엄마의 관심을 끌고 싶기 때문에 계속 문제 행동을 하게 된다. 그러나 특별한 반응과 관심을 받지 않으면 그 행동은 그만하게 된다. 아직도 진행형인 우리 건우의 경우 누가 먼저 바뀌어야 할까?

* 아이의 잘못된 행동 목표

관심 끌기는 거의 모든 아이의 행동에서 나타나는 일반적인 행동 목표이다. 아이는 부모가 자신과 관계된 일을 할 때 즐거움을 느끼고 부모에게 사랑받는다고 생각한다. 가정이라는 집단에서 인정받지 못한다고 스스로 결정을 내리면, 행동 결과에 상관없이 '관심 끌기' 목표를 달성하고자 행동한다. 즉 바람직한 방법으로 부모의 관심을 끌려고 노력했지만 관심을 얻지 못했을 때는 부정적 방법으로라도 관심을 끌려고 노력한다는 것이다. 부모가 화를 내거나 슬퍼하거나 어떠한 반응을 일으키면 아이의 잘못된 행동은 더욱 강화된다. 잘못된 행동을 수정하기 위해서는 부모는 자녀의 잘못된 요구에 관심을 보여서는 안 된다. 자녀가 긍정적인 행동을 보일 때 관심을 주어야 한다.

— 최정혜, 「사례 중심의 부모교육」

엄마는 자신의 아이에 대해서 가장 정확히 잘 알아야 합니다

"어머님, 나경이가 또래 친구와 비교하면 여러 면에서 늦는 편이네요. 색칠도 힘들어하고, 정리도 잘 못하고, 밥도 스스로 먹기 힘들어해요. 점심시간마다 마지막까지 앉아 있어서 매일 도와주고 있어요."

"네? 우리 나경이가요? 아닌데요. 어린이집에 다닐 때 선생님이 나경이는 친구들보다 색칠도 잘하고, 밥도 잘 먹고, 정리도 잘하고, 스스로 무엇이든지 잘한다고 한 걸요?"

5살에 유치원에 다니게 된 나경이의 첫 부모 상담 때 담임 선생님과의 대화이다. 서로 다른 말을 하고 있는데, 엄마 입장에서는 '선생님이 우리 아이가 입학한 지 얼마 되지 않고 아이들도 많아서 아직 나경이를 파악하지 못했나?' 싶기도 하고, '내 아이에게 관심이 없는 걸까?' 등의 별생각이 다 들게 된다.

우리나라 나이로 4살 미만의 아이를 어린이집에 보내면 매일 선생님과 부모가 소통하는 알림장 또는 모바일을 이용한 키즈노트 같은 것을 이용한다. 어린이집 입장에서는 부모의 기분을 배려한 서비스로 그날 아이가 많은 시간을 보내며 울고 떼쓰고 친구를 때리고 한 것은 묻어두고, 그날 잘한 것들과 좋은 점들을 찾기에 급급하다. '오늘은 어떤 칭찬을 해서 부모님을 기쁘게 할까?' 하고 말이다. 그렇다고 거짓말로 지어내서 적지는 않는다. 예를 들어 정리시간에 매번 정리하지 않다가 갑자기 오늘 장난감 하나를 정리해서 선생님이 기쁜 마음에 정리를 잘 했다고 칭찬해서 적을 수 있다.

하지만 내가 운영하는 원에서는 칭찬만 하지 않는다. 있었던 사실을 그대로 전달한다. 5살이 되면 어린이집을 연계해서 가는 아이도 있고, 유치원에 가는 아이도 있다. 4살에는 2019년 기준으로 1명의 교사가 7명을 돌보지만 5살이 되면 어린이집은 1명의 교사가 15명의 아이를 돌보게 된다. 그렇다 보니 5살이 되면 많은 것을 혼자의 힘으로 해야 하고, 잘하는 아이와 못하는 아이가 담임교사의 눈에 바로 들어오게 된다. 그래서 담임교사가 부모 상담 때 "아이는 어떤 것이 잘되지 않네요."라고 말하면 "아니에요. 우리 아이는 잘해요."라고 말한다. 4살 때까지 어린이집 선생님이 항상 칭찬만 해서 매일 들었던 칭찬이 진짜인 줄 알고 아이가 모든 부분에서 잘한다고 착각하게 된 것이다. 부모의 기분을 위해 1년간 했던 칭찬은 결국 그 아이와 부모에게 독이 되어 4살 때 안 되는 부분을 연습할 수 있는 시간을 빼앗고, 5살이 되어서는 아이를 잘 못하는 아이, 자신감 없는 아이로 만들었고, 부모에게 상처를 주게 되었다.

아직도 어린이집에서 잘한다는 칭찬을 믿고 내 아이가 무엇이든 잘한다고 생각하고 있다면 다시 한 번 그 사실을 점검해보아야 할 것이다. 현재 아이가 무언가를 못한다고 해서 나중에도 못하지는 않는다. 아이가 못하는 것을 잘할 수 있도록 격려하고 연습을 시켜 아이가 잘할 수 있다는 성취감과 자신감을 가질 수 있도록 해주어야 한다. 만약 그대로 두면 아이는 친구들과 비교해서 잘못한다는 것을 알게 되고, 그러면서 자신감은 없고 열등감을 가진 아이가 될 것이다.

3

완벽한 육아
레시피는 없습니다

소신껏 사는 삶이야말로
단 하나의 성공이다.
— C. 몰리

나는 아이가 배 속에 있을 때는 너무도 빨리 만나고 싶었다. 잘 키워 보
고 싶은 마음에 틈날 때마다 육아서적으로 태아와 육아에 대한 지식을
쌓았다. 평소에는 책을 그렇게 좋아하는 스타일이 아니었는데 계속 아이
가 궁금하니 책을 찾아보게 되었다. 아이가 배 속에서 얼마만큼 성장했
는지 궁금해서 아직 병원에 갈 때가 아닌데 산부인과를 찾아가 자주 초
음파를 하는 게 좋지 않다는 말을 듣고 그냥 돌아오기도 했다. 그런 설렘
이 지나고 아이를 출산했다.

아이를 출산할 때 조리원에 가면 같은 시기에 출산한 엄마들과 만나서 유대관계를 가지고 서로 육아를 도와주었다. 나는 유아교육을 전공하고, 유치원 교사 생활도 했기에 육아를 충분히 잘할 수 있으리라 생각했다. 아이들의 성장발달은 시기별로 유사하기 때문에 대학교 때 배운 것과 서적을 통해 미리 쌓아둔 육아 상식으로 같이 아이를 낳은 언니들도 코치해줄 수 있으리라 생각했다. 그러나 그것은 오산이었다.

아들은 눈도 뜨기도 전에 울었고, 생물학적 시간표에 따라 수유나 수면이 전혀 이루어지지 않았다. 포대기와 아기 띠에서 하루 16시간 이상 매달려서 울었던 것 같다. 시도 때도 없이 울어서 그때가 어떻게 지나갔는지도 모를 정도이다. 한 아이에게 친정과 시댁의 온 가족이 매달렸다. 오죽하면 굿까지 생각했을까. 아이가 100일쯤 되면 100일의 기적이 온다고 한다. 그때부터는 밤 수유를 하지 않고 엄마도 쉴 수 있는 기적 같은 날이 온다는 것이다. 그러나 이상하게도 나에게는 100일의 기적이 일어나지 않았다. 가끔 그런 아이가 있다고도 한다.

나는 조리원에서 만난 언니와 자주 소통하고 지냈다. 100일쯤 지나자 함께 조리원에서 만난 아이들은 모두 밤 수유를 끊고 깊은 수면 상태에 들어 엄마를 깨우지 않는다고 하였다. 기적을 맞이하게 된 아이들과 엄마들은 낮에 너무도 평온해 보였다. 밤에 잘 자서 낮에도 아이가 잘 노는 게 아닐까 하는 생각에 나는 원우 엄마에게 어떻게 하면 100일의 기적이 일어나는지 묻게 되었다.

"언니, 왜 저는 100일의 기적이 일어나지 않는 걸까요?"

"민준 엄마, 책을 보니까 아이들은 태어난 지 100일 되면 밤 수유를 안 해도 괜찮다는데 마음이 독해져야 해. 아이가 밤에 먹는 것도 습관이래. 수면 교육을 잘해야 부모도 편하고 아이도 편해진대. 울더라도 안 주면 결국 자더라고 몇 번 반복하면 뗄 수 있어."

"아, 저도 아는데 이론대로 되지가 않아요. 오늘부터 당장 해보아야겠어요."

며칠 후 민준이는 밤 수유를 끊게 된 것이 아니라 병원에 입원하게 되었다. 원우 엄마의 조언대로 밤 수유를 끊기 위해 아이가 울어도 젖을 주지 않았다. 밤새 배고파 자지러지게 울다 보니 기력이 빠지고 목도 부었다. 그래서 낮에 젖을 주어도 잘 못 먹고 밤에는 또 아무것도 주지 않으니 배가 고파서 울고 열이 나고 병이 난 것이다.

이후 나는 또 한 번 그 일을 시도했다. 그러나 그때도 결과는 마찬가지였다. 자주 가던 병원 의사 선생님은 그냥 밤 수유를 하라고 권했다. 나는 새벽에 아이가 분유를 찾으면 정신없이 뛰어가 분유를 타주고 다시 자기를 반복했다. 시간이 흘러 두 돌쯤 되자 민준이는 밤에 3번 일어나 분유 2번과 물 한 번을 먹고 자다가 나중에는 분유 2번만 먹게 되었다. 그래서 분유 한 번 물 한 번으로 바꾸었다. 혹시나 하는 마음에 낮에 밥을 좀 더 많이 먹이고 간식을 많이 먹여보았다. 그날 밤은 분유 한 번으로 끝이었다. 이만하면 큰 기적이었다. 이후 분유를 물로 바꾸었다. 이제 물 한 번만 주면 되었다.

나는 낮이 되면 민준이에게 무엇을 먹일까 즐거운 고민에 빠지게 되었다. 낮에 민준이가 적게 먹으면 더 많이 일어나서 분유를 찾는다는 것을 알게 되었기 때문이다. 그러나 어쩌면 아이에게 보이지 않는 적정 시기가 와서 끊은 것일 수도 있다. 민준이는 밤 수유를 끊었다고 해서 밤에 다른 아이들처럼 쉽게 자지는 않았다. 분유 먹는 것과 별개로 자다가 일어나서 울고, 자다가 일어나서 우는 것을 반복했다.

밤 수유가 수면 교육이라고 말하는 사람들이 많다. 밤 수유를 끊기 위해 많은 정보를 모아 따라 해보았다. 그리고 하루 몇 번 몇 시에 무엇을 얼마나 먹었는지 수유 일기도 적었다. 정확히 시간 맞춰서 간격을 늘리기 위해 아이에게 분유를 안 주고 울려서 병원에 입원시킨 일도 지금 생각하면 그냥 우스울 뿐이다.

민준이는 분유도 일반 분유가 아닌 특수 분유를 먹었다. 시도 때도 없이 울고 아파서 병원을 제집처럼 드나들 때 배앓이를 하는 것 같다는 의사의 소견을 듣고 바꾼 것이었다. 1년 동안 몇 번을 입원시켰는지 모르겠다. 남편 말로는 연말 정산을 하니 민준이가 태어난 첫해 병원비로 500만 원이나 썼다고 했다. 나는 그렇게 병원의 VIP가 되었다.

남들과 똑같은 육아 방법을 고집하지 마세요

처음 내가 실패한 이유는 무엇일까? 같은 날 태어난 원우와 민준이가 같다는 생각을 해서가 아닐까? 아이는 얼굴 생김새만 다른 것이 아니라 발달, 기질, 특성이 다 다르다. 원우는 날 때부터 먹는 양이 많았고, 민준이는 보통인 편이었다. 그리고 민준이는 먹고 나면 토를 자주 하는 반면 원우는 너무도 건강하여 이유식을 일찍 시작해서 낮에 이유식도 먹고 분유도 먹었다. 그리고 원우는 한 번 자면 푹 잘 자고 나름 순한 기질을 가진 아이였다. 그러나 민준이는 이유식을 하지 않아 엄마 젖만 먹었다. 두 아이는 낮에 먹는 양의 차이가 엄청났다. 그런데 밤에 똑같은 방식으로 밤 수유를 끊기 위해 아무것도 주지 않으니 한 명은 탈이 난 것이 아닐까? 왜 밤에 일어나서 먹는 것을 찾는지를 생각했다면 더 쉬웠을 것이다. 그러나 나는 아이들이 밤에 먹는 것도 습관이라 나쁜 습관을 고치기 위해서는 밤에 먹이지 말라는 책 내용만 보고 극단적으로 밤 수유를 끊었고 그것을 견딜 수 없었던 민준이는 실패하게 된 것이다.

아직도 남들과 똑같은 방식으로 밤 수유를 떼기 위해 아이와 실랑이를 하며 실패하고 있다면 방법을 바꾸어보라. 분유를 묽게 타주고 보리차를 주면서 점점 떼는 방법도 있고, 낮에 매일 아이가 얼마나 먹었는지에 대해 기록해서 아이가 먹는 양에 집중할 수도 있다. 분명 또 다른 방법이 있을 것이다. 아니 어쩌면 기다리는 것이 답일 수도 있다. 나와 아이가 괜찮다면 말이다. 밤 수유도 한 6개월 이상 하게 되면 몽유병처럼 일어나서 분유를 타주고 잘 수 있을 정도로 적응을 하게 된다.

그러나 주변인들에게는 고백하지 말자. 그들에게 이야기했을 때 주변인들의 말에 분명 상처를 받게 될 것이다. 나도 1년쯤 밤 수유를 하며 주변인들에게 고민처럼 이야기했을 때 모두 밤 수유의 안 좋은 것들만 말하며 내가 아이를 잘못 키우는 것처럼 이야기하고 부족한 엄마로 만들었다. 아이가 모두 다름을 전혀 인정하지 않았다. 사실 고민처럼 생각하지 않으면 고민이 아닌데, 내가 먼저 고민처럼 말해서 고민을 만든 것이 되었다. 그러나 밤 수유가 아이 치아에 치명적일 수도 있다는 사실은 기억하자. 그러나 쿨하게 생각하고 잘 관리해준다면 전혀 문제 되지 않는다.

내가 엄마로서 1살이었을 때 그랬듯, 따라 하지도 못할 '특정 시기마다 어떻게 육아를 해야 한다, 이런 식으로 교육을 해야 한다, 이런 책을 읽어주어야 한다, 이런 교구를 사용해서 놀아주어야 한다'는 식의 책들을 많이 찾아보았을 것이다. 아이도 부모도 각각 다 다르다. 어떤 아이에게 통했던 방법도 내 아이에게 통하는 정답이 아닐 수도 있다. 물론 육아서는 나만의 육아 방향을 정하는 데 도움을 줄 수 있다. 그러나 육아서대로 아이를 양육할 필요도 없고, 육아서처럼 아이가 되지 않는다고 해서 좌절할 필요도 없다.

민준이는 2년을 넘게 밤마다 먹었고 5년 동안 공갈 젖꼭지를 물었다. 내가 유아교육을 전공했고, 유치원, 어린이집에 근무했기에 주변의 동료 교사, 친구, 가족들도 남들과 다르게 키우는 나를 이해하지 못했고 볼 때마다 한마디씩 했다. 나도 처음에는 남들과 똑같은 방식으로 키우고 싶었다. 그래서 고민이었다. '왜 이렇게 민준이는 나를 힘들게 할까?'라고도 생각했다. 그럴수록 나는 '육아', '유아교육', '아동심리' 공부에 매진했다. 또 많은 육아서를 읽었다. 책을 읽고 공부하면 할수록 마음의 평화와 함께 엄마로서 나이를 먹고 성숙해졌다. 나와 내 아이가 이상한 게 아니라 다름을 인정하고 나만의 육아 방식을 세우게 되었다.

누군가 나의 육아 방식이 틀렸다고 한다면 나는 아주 당당하게 '다르다'고 말한다. 주변의 분위기와 평가에 휘둘리지 않고, 누가 뭐라 해도 꿋꿋하고 소신 있는 나만의 육아를 하고 있다. 이제는 나의 육아가 틀리다고 했던 주변의 유아교육 전공자들뿐만 아니라 내가 유아 교사와 엄마로서 가장 닮고 싶은 멘토였던 나의 사촌 언니도 내 육아 방식이 틀렸다고 하지 않고 나의 육아 방식을 인정하게 되었다. 그리고 이제는 많은 사람이 나에게 조언을 구한다.

음식을 못하는 사람들의 특징은 어디선가 보고 들은 남의 레시피를 따라 하려다 실패한다는 것이다. 음식을 잘하는 사람들은 같은 재료와 레시피로 요리하지 않아도 각자 훌륭한 음식을 만든다. 육아도 마찬가지다. 다 다른 특성을 가지고 있는 아이들을 똑같은 방식으로 양육하려 하니 실패하게 되는 것이다. 내 입맛에 맞는 나만의 요리 비법처럼 내 아이의 특성을 고려한 나만의 육아 레시피를 개발하고 적용해라.

4

우리 아이에게는
통하지 않는 이유

강력한 사랑은 판단하지 않는다.
주기만 할 뿐이다

– 마더 테레사

아이들은 출생 직후부터 각기 다른 기질을 보인다. 어떤 아이는 쾌활
하고 명랑하지만, 어떤 아이는 잘 울고 자주 보챈다. 또 어떤 아이는 조
용하고 행동이 느리지만, 어떤 아이는 활기차고 행동이 민첩하다. 이와
같은 개인차는 기질의 차이를 반영한 것이다. 기질 연구가들은 기질이
유아기, 아동기, 심지어 성인기까지 지속성이 있다고 믿는다. 그러나 여
러 연구에서 기질 특성도 환경의 영향에 의해 변할 수 있다는 것이 밝혀
졌다. 그리고 나 또한 아들을 키우며 아들의 변화를 보았다.

다름을 인정하고, 무조건 사랑하세요

나의 부모님은 아들 민준이가 어느 정도 컸는데도 어린 시절의 이야기를 자주 하신다. 그때마다 친정엄마는 "징글징글하게 울었다, 애 봐준다고 죽다 살아났다, 이리 울고 힘들게 하는 아이 처음 봤다, 누구 닮았는지 모르겠다, 민준이 봐주면서부터 아프기 시작했다."라고 말씀하신다. 어린아이를 키우다가 이런 이야기를 하는 사람들이 가끔 있다. "우리 아이 왜 이렇게 유별난지 모르겠어요, 누굴 닮았는지 도대체 모르겠어요." 이런 말을 하는 사람들의 아이는 대체로 까다로운 기질을 가진 아이일 가능성이 크다. 흔치 않은 유형이다. 순하고 반응이 느린 기질, 일반적 기질들을 가지고 태어난 아이들의 부모들이 도저히 이해할 수 없는 까다로운 아이를 키워본 부모들만 아는 이야기이다.

까다로운 기질의 아이를 대상으로 인내심과 민감성을 보이는 것은 누구에게나 쉬운 일이 아니다. 작은 시누이가 나에게 이런 말을 했다. "아이를 안고 1,000번쯤 울면 좀 괜찮아질 거야." 나도 아이를 안고 1,000번은 울었던 것 같다. 3년 가까이 아이를 사랑으로 키웠더니 까다로운 기질이 많이 줄어들었다. 조금 나아져서 아들을 따라다닌 말은 ADHD다. 그로부터 또 3년을 잘 키웠더니 이제는 어린 시절의 아들을 보지 않은 사람들은 나의 말을 절대 믿지 않는다. 그래서 어린 시절 아들을 본 주변인들이 그때 일을 세세히 증언하면 놀라워한다. 주변인들도 자주 이런 말을 한다. "우리 민준이가 달라졌어요, 그때 민준이의 모습이 너무도 충격적이라 지금도 선명히 기억나는데 어떻게 이렇게 달라졌지?"라고 3살에 어린이집에 보내는 것을 실패하고, 아들을 데리고 교사로 일하러 간 어린이집에서 모든 동료 교사가 민준이를 데리고 병원에 가보라고 했다. 오죽하면 원장님이 하루 쉬게 해줄 테니 병원 좀 데려가보라고 했겠는가.

까다로운 기질을 키워보지 않은 사람들에게 이런 의심을 받게 된다. '정말 아이 키울 줄 모른다.' 어떻게 해줘도 울고 자지 않고 자주 먹기 때문이다. 이런 아이들은 대체로 100일, 200백일, 돌의 기적 같은 것도 안 일어난다. 그래서 부모를 좌절하게 하고 주변인의 오해를 받게 만든다. 또 이상한 아이라는 말을 듣게 된다. 나 역시 아들을 감당하는 데 혼자서는 역부족이었다. 다행히도 친정과 시댁, 시누이들이 가까이에 살아서 시댁, 친정 할 것 없이 양가 가족이 모두 한 아이를 키우는 데 온 정성과 사랑을 쏟았다. 앞에서도 잠깐 소개했듯이 민준이는 누군가 온종일 업고, 안고, 아기 띠로 메고 있었다. 바닥에 있어도 울고 안고 있어도 울었지만 차마 바닥에서 울도록 내려놓을 수 없었기 때문이다.

우리는 그렇게 까다로운 아이를 많은 인력과 사랑, 정성으로 까다로운 기질을 가진 아이라는 티가 나지 않게 훌륭한 아이로 성장시켰다. 나는 까다로운 아이나 아이를 양육하는 부모를 만나면 금방 알아볼 수 있게 되었다. 또 그런 부모들에게 이야기해주었다. 당신이 육아 능력이 부족한 것이 아니라 아이가 다른 아이들과 너무 다르기 때문에 이렇게 키워내는 것만으로도 충분히 박수를 받아야 한다. 당신 정말 고생 많다고, 조금만 더 고생하면 괜찮아진다고, 여건이 된다면 주변에 도움을 꼭 받으라는 말도 덧붙여서 말이다.

보통 부모들이 까다로운 아이를 키우면 쉽게 화를 내고, 우울감을 느끼고, 처벌적 훈육이나 학대를 하게 된다. 까다로운 아이를 양육하는 데 중요한 것은 인내심과 일관성, 아이의 욕구를 민감하게 대처하는 것이다. 그러나 부모 혼자 감당하기는 어렵다. 마음의 병도 얻을 수 있기 때문에 혼자 해결하려 하지 말고, 적극적으로 주변의 도움을 받아 나를 돌보는 시간을 가지며 스트레스를 해소해야 한다. 또 아이를 돌볼 때는 아이의 욕구에 꼭 민감하게 대처해주어야 한다. 지금부터라도 늦지 않았다. 내 아이의 기질을 이해하고 성숙하게 대응해보자. 그러면 다른 사람의 말에 상처받지 말고, 당당하게 육아를 즐기게 될 수 있을 것이다.

"선미야, 저기 가서 놀래? 가서 놀아도 돼."

매일 선미는 등원하면 교실에서 멍하니 서 있다. 선생님은 선미가 생각할 시간을 주지만 금세 기다리지 못하고 결국 가서 놀라고 이야기한다. 그때 선미는 놀이하러 간다. 선미는 새로운 환경에 적응이 오래 걸리고 반응이 약하며 온순한 것 같지만 다소 부정적이며 느린 기질을 가진 아이다. 선미는 어린이집에 처음 왔을 때도 크게 울지 않았다. 대신 움츠러드는 경향이 강하고 우울한 느낌이 강하였다. 아마 집에서 부모님이 기다려주지 못하고 자주 아이를 다그치고 비난한 것 같았다.

"선미야 블록 놀이 해볼래?"
"선미야, 이거 한번 해볼래?"

선미의 담임선생님은 선미가 가만히 있는 것을 볼 때마다 기다려주지 못하고 아이에게 무언가를 권하였다. 선미는 수동적으로 선생님의 말씀에 따랐다. 놀고 있지만 즐겁지 않아 보였고 날이 갈수록 더욱 수동적인 아이가 되어 선생님은 아이를 다그치게 되었다.

"선미야, 제발 좀 가서 놀라고. 왜 선생님이 말을 안 하면 가만히 있니?"

나는 선미의 담임선생님에게 선미가 가만히 있어도 내버려두라고 이야기했다. 그러나 선생님은 가만히 있는 선미가 안쓰러웠는지 항상 선미가 스스로 하기 전에 말을 꺼냈다. 나는 선미와 담임선생님이 잘 맞지 않는 것을 보고 담임선생님을 바꾸어주었다. 그랬더니 몇 달 만에 선미의 변화를 볼 수 있었다. 능동적으로 행동하고 이전보다 훨씬 빠르게 반응을 하고 무척이나 밝아졌다.

선미의 새로운 담임선생님은 선미가 무언가를 스스로 할 때까지 기다려주었고 행동하면 잘한다고 칭찬하였다. 덕분에 선미는 새로운 상황을 좋아하지 않지만, 이제는 흥미를 느끼고 참여하고 자신감도 되찾았다.

매사에 반응이 느린 아이인 선미에게 가장 필요한 양육 방식은 기다림이다. 부모나 교사가 아이를 다그치면 아이는 더욱 위축되고, 자신감과 자존감이 떨어지게 된다. 새로운 것에 적응할 때에는 조급함을 버리고 아이를 믿고 기다려주어야 한다. 아이가 가만히 있는 듯 보이지만 아이는 관찰하면서 생각을 하고 있기 때문이다. 생각이 끝나면 아이는 행동할 것이다. 그때 아이를 칭찬한다면 반응이 느린 아이도 변화할 것이다.

순한 아이는 일상행동이 규칙적이며, 혼자서도 잘 놀며, 쉽사리 당황하지 않는다. 낯선 사람에게도 미소를 보이며 새로운 환경에 적응도 잘한다. 대체로 긍정적인 정서를 가지고 있으며 명랑하다. 이런 순한 기질을 가진 아이들은 어린이집에서는 공짜라고 부른다. 너무도 양육하기 편하고 손이 가지 않기 때문이다. 그러나 이런 유형의 아이는 자기주장 없이 어른의 말만 잘 따르는 자율성과 주도성이 없는 아이로 자랄 수 있다. 그러므로 아이의 선택을 존중해주고, 감정에 공감해주며, 아이가 마음을 솔직히 표현할 수 있도록 도와주어야 한다. 혼자서 잘 논다고 혼자 두기보다는 다양한 자극을 주는 것이 좋다. 앞에 설명한 3가지 기질 유형에 속하지 않는 아이들도 많다. 여러 기질 중 어느 것이 '좋다, 나쁘다.'라고 하기보다는 각기 다른 장점과 단점이 존재하기 때문에 아이의 가능성을 이끌어주고 단점을 줄일 수 있도록 도와줘야 한다.

아이는 모두 다르다. 각기 다른 기질을 가지고 있는 아이들을 더 잘 키우기 위해서 부모들은 다양한 방법을 찾고자 노력한다. 그러나 가장 중요한 한 가지 공통점을 잊고 있다. 최선을 다해서 애정과 정성을 듬뿍 쏟는다면 어떤 기질의 아이라도 아이는 잘 자랄 수밖에 없다는 것이다.

＊ 3유형의 기질

기질은 태어나면서부터 발견되는 정서, 운동, 자극에 대한 반응 및 자기 통제에 대한 개인차를 말한다. 토마스와 체스(Thomas&Chess)(1977)는 뉴욕 종단적 연구를 통해 아동의 기질을 3유형으로 분석하였다.

– 순한 아이 : 약 40% 아이가 여기에 속하며 규칙적인 생리적 리듬을 가지고 일반적으로 명랑하며 새로운 상황에 쉽게 적응하며 평온하고 행복한 정서가 지배적이다.
– 까다로운 아이 : 약 10%의 아이가 여기에 속하며 생리적 리듬이 불규칙하고 자주 울며 새로운 상황에 적응하기 어렵고 강하고 부정적인 정서도 자주 보인다.
– 반응이 느린 아이 : 약 15%의 아이가 여기에 속하며 활동성이 적고 다소 상황 변화에 대한 적응성이 떨어지며 낮은 강도의 정서를 보인다.

5

왜 더 참지 못하고
아이에게 화를 냈을까요?

아이에게는 비평보다는
몸소 실천해 보이는 모범이 필요하다.

– J. 주베르

"요즘, 우리 민겸이가 왜 그러는지 모르겠어요. 도통 말을 안 들어요. 하루는 계절에 안 맞는 옷을 꺼내어 입겠다고 하질 않나, 비가 안 오는 데 우산을 쓰고 가겠다고 하질 않나, 밥을 입 안 가득 물고서는 씹지도 않고 있다가 뱉지를 않나, 하지 말라는 행동을 굳이 고집부리고 하다가 다치고. 어휴, 다 이야기하려니 끝이 없을 것 같네요. 그때마다 욱하고 무언가 가슴에서 치밀어 올라 아이에게 화를 내게 되네요. 그런데 그런 상황이 하루도 빠짐없이 매일 일어나는 거예요. 어떻게 하면 좋을까요?"

많은 엄마가 자주 겪는 일이다. 엄마들의 입장에서는 당연히 이런 상황에서 화가 날 것이다. 잔소리를 해도, 화를 내도 아이는 변하지 않고, 반복해서 엄마를 화나게 한다. 그러나 아이의 입장에서 생각해보자. 어느 순간부터 스스로 할 수 있는 것이 점점 늘어간다. 내가 해보고 싶은데, 나도 할 수 있는데, 내가 입을 옷을 내가 정한다는데, 왜 엄마는 잔소리하고 화를 낼까?

민겸이는 언제부터인가 자기 뜻대로 되지 않을 때마다 화를 냈다. 친구가 선생님께서 하지 말라는 행동을 하면 그 즉시 친구를 밀든지 하지 말라고 소리친다. 자신과 관계없는데도 말이다. 또 민겸이가 잘못된 행동을 해서 선생님이 혼내려고 하면 오히려 민겸이가 선생님께 화를 낸다. 아마도 화를 내는 것이 가장 빨리 문제를 해결하는 방법이라고 생각하는 모양이다.

그 방법을 알려준 이는 아마 엄마일 것이다. 아이들의 모습을 관찰하고 있으면 아이들에게 그들의 부모의 모습이 보인다. 부모의 말투, 행동, 표정까지도 닮아 있다.

엄마 먼저 자신의 감정을 잘 조절해야 합니다

나도 마음이 급할 때마다 아들에게 짜증이나 화를 내었다. 사실 아들이 화나게 한 일 때문이 아니라 급한 내 마음과 감정을 스스로 조절하지 못해서이다. 그리고 마음의 안정을 찾으면 항상 아들에게 잘못했다고 사과한다.

"미안해, 민준아. 엄마가 민준이에게 화난 것이 아닌데 마음이 급해서 엄마도 모르게 너에게 화를 냈네. 정말 미안해."

그러면 민준이는 보통 이렇게 대답한다.

"엄마, 저도 죄송해요. 제가 늦게 해서 엄마가 늦었잖아요. 우리 똑같으니 없었던 일로 해요."

아들은 나를 미안하게 만들 줄 아는 아이인 것 같다. 그렇게 답해주는데 또 화를 낸다면 정말 나쁜 엄마이다. 맞다, 나는 나쁜 엄마이다. 이렇게 이야기해주는 좋은 아들에게 가끔 분노를 조절하지 못하고 화를 냈으니 말이다.

그런데 어느 날부터 아들도 나처럼 감정을 조절하지 못하고 화를 냈다. 나를 닮아가는 게 싫었다. 그리고 무조건 나를 사랑할 거라 생각했던 아들이 내가 화를 내면 나를 사랑하지 않는 것처럼 느껴졌다. 나를 싫어하게 될까 봐 두려웠다. 아들이 좋게 이야기해도 변하지 않았던 내가 점점 변하게 된 계기이다. 사랑하는 아들에게 사랑받지 못하는 부모, 이해받지 못하는 부모가 될까 봐 무서웠다.

우리는 그동안 세상에서 부모와 자식은 무조건 사랑하는 것이 아니라는 사실을 많이 보지 않았는가? 이후 나도 아들의 눈치를 보게 되었다. 아들이 사랑받는 아이가 되려고 노력하듯이, 나도 사랑받는 엄마가 되려고 노력한다.

화를 내는 것보다, 아이를 존중하고 배려한다면 상황이 나아질 거예요

아이에게 화를 낸다고 아이가 달라진다면 얼마나 좋겠는가? 그러나 아이는 화를 낸다고 해서 달라지지 않는다. 오히려 화가 많은 아이로 자라게 할 뿐이다. 또 어쩌면 엄마를 미워하는 마음이 자라고 있을지도 모른다. 그런 관계가 지속된다면 아이가 더 자라서 사춘기 때가 오면 더는 되돌리기가 힘들지도 모른다.

아이와 평생 좋은 관계를 가지고 싶다면 지금부터 빨리 바꿔야 한다. 수직 관계가 아닌 수평적 관계로, 어리지만 나와 같은 감정을 가지고 있는 똑같은 하나의 인간으로 존중해야 한다. 그러면 더 이상 아이에게 일방적으로 화를 내지 않게 될 것이다. 엄마들은 여기서 많은 오해를 한다. 화를 내지 말라고 하면 감정을 억누르고 표현하지 말라는 것으로 알아듣는다. 화가 나도 참고 웃으라는 게 절대 아니다. 그 상황에 대해 감정을 솔직하게 이야기하는 것이 바람직하다. 이것은 무조건 화를 내는 것과는 다르다.

나는 화가 나는 상황에는 즉시 말하지 않는다. 잠시 마음을 추스르고 이야기한다.

"민준아, 엄마가 바빠서 빨리 챙기고 나가야 한다고 했지? 그런데 민준이가 빨리 챙기지 않고, 더 노는 바람에 엄마는 친구와 약속 시간을 지키지 못했어. 그래서 엄마는 친구에게 미안하기도 하고 민준이에게 무척

화가 났어. 하지만 지금은 괜찮아졌어. 그러니까 다음에는 엄마가 바쁘다고 할 때는 빨리 해주면 좋겠어."

이후 아들은 내가 서두르면 같이 서둘러주었다. 몇 번을 소리 지르고 짜증을 내도 고쳐지지 않았던 것이 갑자기 왜 고쳐졌을까? 아이는 소리를 지르는 순간 '엄마가 왜 소리를 지르고 화를 낼까?'라는 생각보다는 소리를 지르고 화를 내는 것에 초점을 맞추어 주눅 들게 된다. 그러면 아이가 의도적으로 그런 것은 아니지만 계속해서 엄마는 화내게 된다. 그래서 또다시 아이에게 소리를 지르고 화를 낸다. 별다른 변화 없이 일상이 이렇게 반복된다.

세상에 많은 부모는 자녀를 사랑하고, 자녀를 잘 성장시키고 싶어 한다. 또 평생을 좋은 관계로 지내고 싶어 한다. 그러나 안타깝게도 그렇지 못한 경우가 너무나 많다. 그것은 부모의 감정과 분노인 화를 잘 다스리지 못하기 때문이다. 화를 내는 것은 정말 쉽다. 정신없이 화를 내고 소리를 지르고 나면 꼭 후회를 하게 된다.

우리는 조금 더 성숙하고 지혜롭게 대처할 필요가 있다. 당신도 혹시 아이를 사랑한다면서 오늘도 아이에게 화를 내고 짜증을 내고 있지는 않은지 돌아보라. 만약 그렇다면 당신도 이제는 달라져야 한다. 많은 것이 달라질 것이다. 화를 내지 않고도 얼마든지 아이의 행동을 바꿀 수 있다. 화내는 것을 줄이면 아이뿐 아니라 엄마도 변화를 느낄 수 있을 것이다. 아이를 키우는 즐거움과 행복, 서로를 사랑하는 마음을 알게 될 것이다.

나는 부모가 되고 나서 학창시절의 친구들에게 성격이 변했다는 이야기를 자주 듣는다. 나 역시 가끔은 내가 다른 사람인가 싶기도 하다. 나는 까칠한 기질을 가지고 태어난 아들이 두 돌이 될 때까지 믿음 없이 어떤 대상에 거의 매일 울면서 기도를 했다. 아들이 편안해지기를 빌었다. 그러면서 다짐했다. 아들이 편안해진다면 나는 더 좋은 사람이 되겠고, 세상에 필요한 사람이 되겠다고 마음 먹었다.

그런 마음으로 기도를 해서인지, 때가 된 것인지 아들이 편안해졌다. 누가 나의 소원을 들어주었는지는 몰라도 나는 다짐을 지킬 때가 온 것이다. '사필귀정', '인과응보'란 말처럼 내가 행한 대로 업에 대한 대가를 받는다는 것을 믿으며 산다. 그러다 보니 어쩌면 더 나은 인간이 되어가고 있는지도 모른다. 나는 나에게 일어나는 나쁜 일보다 아들에게 일어나는 나쁜 일을 더 두려워하게 되었다. 나의 잘못으로 내 아들이 잘못될까 봐 항상 바르게 살려고 노력한다. 하루하루 더 나은 삶을 살기 위해 노력한다. 때론 바보 같고 보상받지 못할 일을 하기도 하지만, 나는 내가 쌓은 선으로 아들에게 좋은 일들이 생길 것이라 믿는다.

나는 아직 좋은 엄마라기보다 부끄럽지 않은 엄마, 훌륭한 일을 하는 엄마, 심술쟁이 친구 같은 엄마이다. 매일 다짐한다. 좋은 엄마가 되기 위해, 화내지 않는 엄마가 되기 위해, 짜증 내지 않는 엄마가 되기 위해.

6

세상의 모든 아이는
특별합니다

신은 한 사람에게 모든 재능을 주시지 않았지만,
모든 사람에게 하나의 재능은 주셨다.

– 이상민, 『365 매일 읽는 한 줄 고전』

이 세상 모든 아이는 3억 대 1의 경쟁률을 뚫고 수정되어 탄생한 아주 특별한 아이다. 수백만 개, 아니 수 조에 이르는 세포로 이루어진 소우주로 세상에 단 하나뿐인 존재이다. 그런데 우리는 이 아이가 얼마나 특별하고 소중한지를 잊고 아이를 대한다. 어른들은 이 특별한 아이를 자신보다 나이가 어리다는 단 하나의 이유로, 그 가치를 인정하지 않고 존중하지 않는다. 또 현재만의 가치로 판단하는 실수를 범한다.

의학계에서 ADHD가 공식적인 진단으로 나오기 전에, ADHD였을 가능성이 높거나 진단을 받은, 혹은 유사 증상을 보인 유명인사가 많다. 우리가 잘 알고 있는 윈스턴 처칠, 에디슨, 레오나르도 다 빈치, 모차르트, 반고흐, 빌 게이츠, 아인슈타인, 라이트 형제, 존 F. 케네디, 존 레넌, 조지 W. 부시 등이 그에 해당한다.

BBC의 '위대한 영국인 100인'에 뉴턴과 셰익스피어를 제치고 1위가 된 사람인 처칠은 어린 시절 학교에서 말썽꾸러기 낙제생이었다. 생활기록부에 따르면 그는 '품행이 나쁜, 믿을 수 없는 학생으로 의욕과 야심이 없고 다른 학생들과 자주 다투며 상습적으로 지각하고 물건을 제대로 챙기지 못하며 야무지지 못하다.'라고 평가되어 있다. 그러나 그는 대영제국의 최전성기에 전승을 이끈 영웅이자, 휴머니스트, 명연설가, 노벨문학상을 받은 작가, 화가, 영국 총리로서의 다양한 면모를 지닌 인물이다. 그런데 왜 처칠은 어린 시절의 평가와 다른 삶을 살았을까?

보통은 아이의 장점보다 단점을 쉽게 발견하며, 아이의 잠재적 가능성보다는 현재의 상태를 보고 아이를 판단하기 때문이다. 그래서 학교의

성적이나 생활기록부 기록은 아이들의 인성이나 다양한 잠재력을 평가하는 기준이 될 수 없다. 혹시 아이가 사회에서 문제아로 오해받고 있다면 걱정하지 않아도 된다. 아이의 잠재력은 현재의 모습과 달리 그 누구도 상상하지 못할 만큼 대단하고 특별하기 때문이다.

엄마가 특별한 아이라고 믿으면, 특별한 아이가 됩니다

우리는 앞서 나열된 인물들처럼 어린 시절에 주의력이 부족하고 산만하며 과잉행동, 충동적 행동, 학습 부진 등의 문제가 있는 아이들을 주변에서 쉽게 만날 수 있다. 이들에게 있는 약간의 문제는 아주 특별한 재능에서 비롯된 것이다. 이들은 창의력과 직관력, 감수성, 살아있는 것에 대한 교감능력과 많은 에너지 등 남들보다 뛰어나고 특별한 능력으로 인해 사회에서 오해받고 고통받고 있다. 획일화된 학교와 사회 시스템들이 일방적으로 그들을 문제아로 평가한다. 이로 인해 가정에서도 다양한 어려움을 겪는 경우가 많다. 부모는 아이가 사회에서 받는 평가에 일희일비하며 휘둘린다. 나 역시 아들이 주변인들에게 평가받을 때마다 아닌 척했지만 마음 한편으로 힘들었다. 그러나 어떤 경우라도 부모가 아이에 대한 믿음을 잃지 않고 아이의 자아존중감을 키워주면 분명히 아이는 잘 자란다. 왜냐하면, 이들은 특별한 아이이기 때문이다.

모든 아이는 각각의 개성과 매력을 가지고 있으며 특별함을 지니고 있다. 다른 아이들과 다른 무언가가 있다는 것이다. 아직 보석처럼 빛나지는 않지만 잘 갈고 닦으면 세상을 바꿀 위력을 가진 원석이다. 하지만 아이들이 가지고 있는 특별함이 모두의 눈에는 보이지 않는다. 어쩌면 아이들의 특별함이 그 특별함을 잃어버린 이들에게 오해를 받기도 한다.

나는 항상 이렇게 생각한다. '나는 아주 훌륭한 일을 하는 사람이야. 내가 키운 아들이 또는 우리 원 아이들이 잘 자라서 행복한 사람이 되리라, 세상에 꼭 필요한 인재가 되리라, 세상을 바꾸는 사람이 되리라.' 이렇게 말하면 어떤 사람들은 코웃음을 치기도 한다. 그러나 꼭 스티브 잡스처럼 혁신적인 제품들을 만들어서 새로운 시대를 개척하는 것만은 아니다. 그 기준을 어디에 두는지에 따라 다르다. 세상에 필요한 인재, 세상을 바꾼다는 건 사소한 것부터 시작된다. 또 행복한 사람이란 부자, 유명인사라서 얻는 행복감보다는 소소한 삶에서 찾는 자기만의 행복이 더 크다고 믿는다.

나는 세상 모든 아이가 행복한 삶을 살기 바란다. 우리는 아이들이 행복하게 살 수 있도록 삶과 육아에서 초점을 바꾸어야 한다. 편견을 버리고 더 넓은 마음으로 아이들의 다양성을 존중해야 한다. 아이의 행동을 긍정적으로 해석하고 유연한 사고를 해야 한다. 항상 웃음을 잃지 않고, 사소한 일에도 감사하는 마음, 남을 배려하는 마음을 가져야 한다. 부모가 그러할 때 아이는 긍정적 마인드와 웃음, 감사, 배려, 행복을 자연스럽게 배워 행복한 어른으로 성장하게 될 것이다. 또 아이가 특별하다는 믿음을 잃지 않고 그 믿음을 전략적으로 사용해야 한다. 부모가 아이의 특별함을 믿으면 아이는 용기를 가지고 스스로 특별한 존재임을 인지하고 존중하며 특별한 능력을 가진 아이로 자라게 될 것이다.

7

아이의 단점보다
강점을 바라보는 법

편견을 버리는 것은,
그것이 언제일지라도 결코 늦지 않다.
– H.D. 도로우, 『월든 숲속의 생활』

"원장님은 아이가 어릴 때, 남들이 하는 말이나 시선을 어떻게 감당하

셨어요? 정말 아무렇지 않으셨어요?"

"저는 민준이가 이상하다는 사람들에게 항상 이상한 게 아니고 다르다

고 표현했어요. 가끔 마음속으로나 가족들에게는 이상하다는 것을 인정

할 때도 많았지만 남들 앞에서 나마저도 그렇게 말해버리면 진짜 이상

한 아이가 될 거 같았거든요. 그래서 남들이 생각하는 부정적인 ADHD

같은 모습이 아닌 좋은 부분을 부각해서 이야기했어요. 우리 민준이가

ADHD 판정을 받은 것은 아니지만, 보시는 분마다 그렇게들 생각하시거나 그런 것 같다고 말했지요. 처음에는 애써 쿨한 척 누구나 알 수 있는 유명인사의 이름을 들먹이며, 이들이 어린 시절에는 ADHD의 모습이 많이 있었다고 이야기해요.

우리 민준이도 남들이 이해하지 못할 만큼 산만하고 정신이 없고 귀가 안 들린다고 생각할 만큼 반응이 없어 대학병원에서 뇌파 검사까지 했지만, 나는 의사를 속일 수 있을 만큼의 대단한 집중력이 있는 아이라고 생각해요. 이비인후과에서 대학병원을 가기 위한 소견서를 그냥 써주었다고 생각 안 하거든요. 그 정도로 아이가 집중력이 뛰어나기에 4~5살 때 글을 쓰고 덧셈, 뺄셈을 하고, 어린아이라는 것을 믿지 못할 만큼 관심을 가지는 것에 해박한 지식을 가지고 있었어요. 우주, 과학과 관련된 것들 말이에요. 요즘 엄마들이 좋아하는 영재성이죠. 그래서 영재 검사를 해보았더니 우리 아이가 상위 얼마 나왔다고 이야기하면 민준이의 부정적인 모습을 더는 말하지 않았어요."

그랬다. 민준이는 2살쯤인가 이름을 불러도 대답은커녕 뒤도 돌아보지 않아서 이비인후과에 데려갔다. 아이가 귀가 들리지 않는 건지 반응을 하지 않는다고 말이다. 책에서 보면 평균적으로 10개월이 지나면 자신의 이름을 듣고 반응을 한다고 적혀 있다. 아이가 돌이 한참 지나도 소리에 반응이 없는 것처럼 행동하는 아들이 걱정되었다. 이비인후과에서는 아이 귀 옆, 뒤편에서 여러 가지 소리를 내어 아이가 돌아보는지 확인해보았다. 정말 다양한 소리를 들려주었는데도 단 한 번도 옆이나 뒤로 돌아보지 않았다. 대학병원에 가라는 소견서를 적어주었다. 대학병원에서도 기본적인 검사를 했다. 아이가 반응을 보이지 않자 뇌파 검사를 해야 한다고 했다. 아이가 들리지 않는 건 아닐까 걱정으로 눈물만 흘렸다.

검사결과 귀가 잘 들린다는 확인을 하고 안도하게 되었다. 그때는 그냥 들린다는 것 하나로만으로 행복했다. 그러나 점차 '오~ 대단한데?'라는 생각이 들었다. 분명 아이의 이름을 부르거나 귀가 들리는지 확인할 때마다 민준이는 다른 무언가에 관심이 있었던 것이 분명하다. 가령 TV 소리나 새로운 물건, 새로운 환경, 다양한 사람들에게 호기심을 보이고 있었던 것일 수도 있다. 엄청난 집중력으로 탐색을 하고 있었기에 의사도 속이지 않았을까 생각한다. 이 정도의 집중력이라면 분명 커서 대단한 인물이 될 거라고 생각한다.

그 집중력으로 점점 스마트 기기, 컴퓨터를 즐기게 되었다. 얼마나 대단한 집중력인지 정말 시간 가는 줄 모르고 한다. 하루는 언제까지 하나 싶어 내버려두었더니 먹고 화장실 가는 시간 말고는 기기를 사용했다. 6살까지는 영어 프로그램, 간단한 연산 프로그램, 한글 공부할 수 있는 좋은 프로그램을 즐겼다. 참 다행이었다. 7살이 되자 초등학생들은 모두 한다는 게임에 중독된 것처럼 즐기더니, 초등학생이 되자 중학교 사촌형과 같은 게임을 하며 즐겼다. 아들을 보며 정말 어린 나이에 게임을 잘하는구나 싶기도 하고, 한편으로는 부모가 게임에 큰 재능이 없다 보니 아들의 열정이 아쉽기만 하다. 나와 남편도 마음만은 프로게이머인데 어찌 된 영문인지 마음과 달리 손이 말을 안 들어서 남들보다 열심히 하지만 항상 시간 투자보다 잘 못하였다.

여러 부분에서 아들은 우리를 닮은 듯 보였다. 게임을 열정적으로 즐기며 많은 시간을 투자하지만 게임을 할 때와 안 할 때를 구분할 수 있었고, 또 다른 할 일이 생기면 고민 한 번 없이 컴퓨터를 끄는 모습도 닮았다. 그래서 남들이 뭐라고 하든 나는 아들이 게임을 하게 내버려둔다. 게임을 많이 하기는 하지만 그렇다고 게임이 일상생활에 지장을 주거나 공부를 게을리하는 것도 아니기 때문이다.

그러나 주변의 시선은 곱지 않다. 7살 때 유치원 담임선생님은 자주 아들을 걱정하였다. 주말을 보낸 이야기를 하면 자주 게임을 한 이야기를 했다고 한다. 엄마가 바쁜 탓에 어딘가 데려가지 못하는 날이면 항상 혼자 놀아야만 했다. 그러다 보니 게임을 더 많이 하게 된 것일지도 모른다. 그러나 나는 아들을 혼자서 책을 보고 공부하지 않는다고 탓하지 않는다. 아들도 내가 일을 하거나 대학원 공부를 하거나 책과 드라마를 보거나 무언가에 집중할 때 어딘가 데려가 달라고 하거나 함께 놀아달라고 하지 않는다. 각자 자기 일과 재미에 집중할 뿐이다.

편견을 버리면 더 많은 것이 보여요

나는 언젠가 아들과 약속을 했다. "16살이 될 때까지 네가 프로게이머가 될 가능성이 없다고 생각이 들면 잠시 게임을 접어두고 엄마가 찾은 너의 재능에 올인해 보자." 16살이 될 때까지 학업도 게을리하지 않는 조건으로 원 없이 게임을 즐기게 내버려둘 예정이다. 이 말에 함정이 있다. 바로 학업을 게을리하지 않는 조건이다. 이 말은 다시 말해 '네가 공부를 잘해야지만 게임을 마음껏 즐길 수 있어.'라는 뜻이다.

내가 아들에게 바라는, 잘해야 한다는 기준은 남들보다 높을지도 모른다. 왜냐하면 어릴 때부터 글을 빨리 떼고 다른 아이들보다 항상 학습면에서 3년 이상 빨랐기에 아들의 재능은 공부라고 생각하고 있다. 공부하는 것도 집중력이 좋아서인지 한 번 앉으면 원하는 목표의 끝을 보는 편이고 힘들어하지 않는다. 오히려 학습도 즐거워한다. 나는 아들이 게임도 잘하고 공부도 잘하는 사람이면 좋겠다. 그래서 학업에 지장이 될 수도 있는 게임을 학업을 더 잘할 수 있도록 보상해주는 개념으로 허용하고 있는지도 모른다.

2010년인가 뉴스에서 서울중앙지방검찰청 이준식 검사가 '스타크래프트'라는 게임의 승부 조작 도박 사건을 밝힌 내용을 본 적 있다. 뉴스를 보고 나서 이준식 검사에 대해 궁금해서 인터넷으로 여러 기사를 찾아보았다. 그중 한 인터뷰에서 담당 검사가 어떻게 어려울지도 모르는 게임에 대해 이해하고 승부 조작을 알았는지, 또 어려운 점은 없었는지에 대한 질문을 했다. 검사는 "크게 어렵거나 힘든 점은 없었습니다. 저도 이 게임을 할 줄 알거든요. 사법시험 준비 중에도 이 게임을 밤새워가며 한 적이 있습니다."라고 답했고, 실제로 그는 게임에서 우승 경력도 있었다. 게임을 즐기며 밤도 샜다는 그는 서울대 출신 검사이다.

평균적으로 부모들은 미디어, 스마트 기기, 게임 등에 대한 나쁜 점만 이야기한다. "하면 안 되는데 어쩔 수 없이 하게 한다."라고 말하는 경우가 많다. 그러나 나는 다르게 생각한다. 모든 것은 양면성을 가진다. 어떻게 이용하는지에 따라 달라진다고 생각한다. 앞에서 소개한 검사는 평균적인 부모들의 생각에서는 학업에 방해만 될 거 같은 게임을 하고도 서울대를 가고 검사가 되었다. 그렇다고 그가 게임만 하지는 않았을 것이다. 열심히 게임도 즐기고 공부도 즐겼을 것이다. 아들이 게임을 좋아한다면 게임도 즐길 수 있게 하고, 공부도 즐길 수 있게 하는 것이 나의 몫이지, 못하게 하는 것은 아닌 것 같다.

아들은 책을 좋아하지 않았다. 내가 좋아서 '이 시기에는 꼭 이 책을 사야지.' 하는 책들을 사주었지만 열어보지 않는 책들로 방 한 칸의 벽면을 가득 채우고 있었다. 아이가 사달라고 한 책도 아닌데 사주고 아이가 책을 안 본다고 또는 책을 안 좋아한다고 아이를 타박하지 않았다. 그냥 방법을 바꾸었다. 스마트 기기로 책을 읽히기로 말이다. 세상이 좋아서 이제 사람이 책을 읽지 않아도 스마트 기기가 읽어준다. 아이는 스마트 기기를 이용하여 책의 내용을 보여주면 더 좋아한다. 그림과 음성으로 아이는 책에 빠져들었고, 벽면에 있는 책보다는 훨씬 잘 보게 되었다.

　엄마의 육성으로 읽어주면 정서적으로나 여러 면에 좋다고 한다. 그러나 아이가 엄마가 읽어주거나 본인이 읽는 것도 흥미를 느끼지 못한다면 굳이 계속 같은 방법으로 아이에게 책을 읽힐 필요가 없다. 아이가 스마트 기기로 책을 보다 보면, 어느새 스마트 기기에 없는 책의 내용도 궁금해하고 부모가 책을 읽는 모습을 보이면 아이도 자연스레 책을 잡게 되어 있다. 우리 아들은 때로는 보지도 않을 책을 학교에서 빌려오기도 하고, 빌린 책 중 정말 마음에 든 책은 다 보지 못했을 때 다시 빌리지 않고 사달라고 이야기했다. 그래서 스스로 원한 책을 사주었더니 책을 끝까지 보고 또 보았다.

　'왜 부모들은 아이의 단점을 쿨하게 받아들이지 못할까?'라는 생각을 자주 한다. 나는 보통의 부모들보다 많은 아이를 만나보았다. 내 눈에는 단점보다 장점이 많은 아이인데 부모들은 항상 단점에 대해 어떻게 하면 좋을지 물어본다. 사실 단점을 고치기는 어렵다. 그러나 장점을 더 잘하게 하기는 쉽다. 하나의 단점을 극복하는 동안 아이는 2~3개의 장점을 살릴 수 있다. 아이의 장점을 더 잘 발휘할 수 있도록 격려하다 보면 어느새 단점이 보완되어 있을 것이다.

만약 아직도 아이의 장점들을 발견하지 못하였다면 매일 하루에 한 가지씩 아이에 대한 칭찬을 적어보자. 아주 사소한 것부터 적으면 된다. 그러다 보면 어느새 아이가 무엇을 잘하는지 깨닫게 되고 아이가 내 생각보다 훨씬 훌륭하다는 것을 느낄 수 있을 것이다.

2 장

아이의 밝은 미래를 만드는 엄마의 말 습관

1

자존감을 높여주는 엄마의 말
"그래, 그래? 그랬어? 그랬구나!"

자녀교육의 핵심은 지식을 넓히는 것이 아니라
자존감을 높이는 데 있다.
– 톨스토이

아이의 자존감을 높여야 한다. 자존감이 중요하다는 말을 다 들어보았을 것이다. 자존감이란 스스로 자신을 존중하고 사랑하는 마음이다. 이 마음이 아이들에게 얼마나 큰 영향을 주기에 그렇게 열을 올리는 것일까? 자존감은 자신을 스스로 사랑하는 마음도 맞지만 스스로 무언가를 잘할 수 있다는 믿음도 자존감이다. 그렇기에 아이의 현재와 미래 성인이 되어서도 삶의 엄청난 영향을 준다. 많은 부모가 중요시하는 학습, 사회성, 문제 해결력 등이 자존감이 바탕이 되어야 잘할 수 있다. 또 행복감과도 직결된다.

"자존감 정말 중요하지요? 그렇다면 가정에서 어떻게 하면 아이들 자존감을 높일 수 있을까요?"

"…."

부모교육을 가서 자존감에 대해 이야기하고 질문을 하면 부모들은 난감해한다. 너무 중요하기에 너무 어려운 일이라고 생각한다. 중요한 건 맞지만 생각보다 어렵지는 않다. 부모들의 작은 습관으로 충분히 자존감을 높일 수 있다. 크게 힘들지도 않다. 말만 잘하면 된다. 아이의 말을 경청해주고, 칭찬하고, 격려하고, 공감하고, 의사결정에 참여시키고, 비난하지 않고, 믿기만 하면 된다. 습관적으로 말이다. 사실 말이 쉽지, 부모들이 하기 가장 어려운 일이다.

반면 유아 교사들은 습관적으로 참 잘하는 일이기도 하다. 교사들은 본인의 가치와 영향력을 안다. 자신의 말과 행동으로 내가 가르치는 아이가 좋게 변할 수도, 나쁘게 변할 수도 있음을 안다. 그렇기에 평소와는 조금 다르게, 조금은 가식적으로 말하고 행동한다. 마음은 공감하지 않지만 공감한 척 잘한다. 습관처럼 아이를 격려하고 칭찬한다. 아이에게 좋은 영향을 주기 위해 좋은 모습을 보이고자 노력한다. 그러나 유아 교사들도 처음부터 잘하지 않았다. 계속 의식적으로 하다 보면 자연스레 습관처럼 말하고 행동하게 되었을 뿐이다. 부모들도 이제 자신을 내 아이의 미래를 바꾸는 수 있는 대단한 존재로 받아들이고 의식적으로 노력해야 한다.

아이의 자존감을 높이는 습관

- 공감하기 : 아이가 관심을 보이는 것에 공감하고 집중해서 들어주면 아이는 금세 밝은 표정으로 신나게 말을 한다. 자신이 중요하게 생각한 것을 부모도 인정해주니 자신감이 생기기 때문이다.

- 경청하기 : 아이가 말을 걸어올 땐, 하던 일을 잠시 멈추고 아이의 눈을 맞추고 이야기를 들어주자. 그러면 아이는 '엄마가 지금 하는 일보다 나의 말을 듣는 일을 더 중요하게 생각한다'는 생각을 가지고 스스로 가치 있게 여기게 된다.

- 칭찬하기 : 칭찬하라고 하면 영혼 없이 칭찬하는 사람들이 종종 있다. 요즘 아이들은 칭찬에 목마르지 않다. 그래서 웬만큼 칭찬을 잘하지 않으면 아이들이 반응하지 않고 자존감도 올라가지 않는다. 아이의 장점이나 행동들을 구체적으로 칭찬해야 한다.

- 격려하기 : 격려는 어떠한 일의 시작, 과정, 결과 후 모두 사용할 수 있다. 그 상황에 맞는 격려의 한마디가 아이를 긍정적으로 생각하게 만든다. 격려에서 가장 중요한 것은 공감하는 것이다. 아이의 상황을 공감한 후 진심을 담은 한마디가 더 큰 힘이 된다.

- 의사결정에 참여시키기 : 아이와 관련된 일들을 결정할 때 항상 아이의 의견도 물어보자.

- 믿어주기 : 아이가 무언가 새로운 일을 할 때, '난 잘할 수 있어!'라는 마음이 들게 하려면 부모의 믿음이 전적으로 필요하다. 부모가 먼저 믿지 않고 아이를 불안한 시선으로 바라본다면 아이의 자존감은 더욱더 낮아진다. 본인에 대한 신뢰가 없어지고 새로운 일에 대한 도전을 망설이

며 새로운 사람과의 관계도 맺기 어려워한다. '내가 잘할 수 있을까?' 고민하게 되고 '난 아마 못할 거야.'라고 부정적으로 생각하게 된다.

습관적으로 칭찬하다 보면 칭찬거리가 점점 늘어나요

앞서 소개한 내용 말고도 아이의 자존감을 올리는 방법은 너무나 많다. 많은 방법 중 내가 특히 중요하다고 생각하고 실천하고 노력하는 첫 번째가 경청하기이다. 성격이 급해 아이의 말을 끝까지 들어주려니 인내가 필요하고 하던 일을 멈추고 아이 말에 집중하기가 쉽지는 않다.

두 번째는 공감하기이다. 공감은 우리가 알고 있듯이 "그랬어? 그랬구나, 엄마도 그렇게 생각해."라는 말만 잘해도 된다. 그러나 여기서 중요한 것은 태도이다. 먼 산 쳐다보며 말만 해서는 안 된다. 눈빛과 표정으로 '그래, 나도 정말 그렇게 생각해.'라는 마음이 전달될 수 있게 해야 한다.

세 번째는 칭찬하기이다. 주말이 되면 평일보다 아들과 많은 시간을 보낸다. 그러다 보니 아이와 편하게 놀아주려고 말장난처럼 시작했는데 우리는 심심하면 서로 칭찬하게 되었다. 아주 사소하면서 평범한 것을 칭찬하며 서로 감사도 한다.

"엄마는 행복해요! 민준이가 엄마 아들이라서요."

"왜요?"

"엄마가 해준 음식을 맛있게 잘 먹어주잖아요."

"저도 감사해요. 음식을 맛있게 잘 해주셔서요. 엄마는 요리를 참 잘해요."

"칭찬해줘서 감사해요. 민준아, 먹고 나서 그릇 정리해주세요."

"네, 당연하죠."

"아이 귀여워, 귀엽고 정리 잘 도와주는 멋진 민준이 누가 낳아줬죠?"

"엄마가."

"꺄~ 사랑스러워, 엄마는 민준이가 엄마 아들로 태어나주어서 너무 고마워."

특별한 놀이가 아니다. 아들을 시선의 흐름대로 막 칭찬하고 같이 맞장구를 치는 게 전부다. 하면 할수록 할 말이 많아진다. 그러면서 평소에 하지 못했던 말들도 하게 된다.

"민준아, 너 정말 잘생겼네."

"감사합니다. 근데 저도 알고 있어요."

할머니 친구분이 아이를 보고 잘생겼다고 칭찬하는데 알고 있다고 대답해서 옆에 있는 내가 부끄럽기도 하고 우습기도 한 일화이다.

"민준아, 너 사실 못생겼어. 할머니 친구분이 너 기분 좋아지라고 한 말이야."

"그래요? 근데 전 제가 잘 생겼다고 생각해요. 다른 사람들도 저보고 잘생겼다고 하던데요?"

"응, 그 사람들도 엄마 또는 아빠, 할머니, 할아버지 아는 사람들이기 때문에 그런 거야."

"그래요? 알겠어요. 그래도 난 내 얼굴이 잘생긴 것 같고 좋아요. 엄마, 이렇게 낳아주셔서 감사해요."

"음, 엄마가 장난쳤는데 삐진 거 아니지?"

"네, 괜찮아요. 엄마가 장난치는지 알고 있었어요. 전 잘생겼으니까요!"

이쯤 되면 아들의 자존감이 하늘을 찌른다고 봐야 하지 않을까 싶다. 처음부터 아들이 이렇지 않았다. 칭찬과 감사 놀이로 아들의 자존감이 높아진 것이다. 말의 꼬리에 꼬리를 물어 이어지는 칭찬과 감사는 아이를 행복하게 만들어 자존감을 키운다. 모든 면에서 자신감이 넘치는 모습으로 변했다. 그리고 긍정적이고 남을 칭찬하고 감사할 줄 아는 아이로 키울 수 있게 된다. 아이와 주거니 받거니 하다 보면 부모의 자존감을 키우며 사소한 것에 행복을 느끼게 된다. 또 하나둘 아이의 장점을 발견하는 즐거움을 느낄 수 있으며, 아이는 부족한 부분보다는 장점을 보려고 노력하게 된다.

자존감은 정신건강의 척도라고도 한다. 자존감이 높으면 무엇이든 긍정으로 바라보게 된다. 또 누군가 나에게 좋지 않은 이야기를 하더라도 크게 개의치 않는다. 상대방이 틀렸다고 생각한다. 많은 사람과 복잡한 관계를 맺고 살아가는 시대에 자존감은 내 마음을 지킬 수 있는 강력한 무기가 된다. 아이가 성장하면서 높아진 자존감은 어른이 되어서도 튼튼한 삶의 울타리가 된다. 삶에 많은 영역을 차지하고 있는 자존감이 부모의 작은 노력으로 높아질 수 있다. 아이의 자존감을 높이고 싶다면 당장 오늘부터 노력해보자.

아이들은 부모와의 상호작용 속에서 성격, 정서, 행동, 사고를 형성하게 된다. 또 아이의 자존감 역시 많은 영향을 준다. 아이와 상호작용 잘할 수 있는 최고의 방법은 미러링이다. 아이의 행동에 맞춰 반사하는 부모의 반응으로 같은 감정을 표현하는 것이다. 아이가 슬퍼서 눈물을 흘리면 그치라고 화를 내거나 꾸짖는 것이 아니라 아이와 함께 슬퍼하고 안타까워해주는 것이다. 반대로 아이가 즐거워서 뛰고 있다면 아이에게 조용히 하라고 요구할 것이 아니라 함께 즐거워해주는 것이다.

2

공감 능력을 높여주는 엄마의 말
"괜찮아, 엄마가 들어줄게."

사랑이란 눈으로 보지 않고
마음으로 보는 것이다.

– 셰익스피어

요즘 부모 교육을 가면 무슨 구호처럼 아이를 더 낳으라고 한다. 아이에게 형제보다 나은 선물은 없다며, 형제 있는 아이들의 좋은 점을 줄줄이 열거한다. 그중 우리가 가장 혹하는 것이 바로 엄마인 내가 온종일 놀아주지 않아도 함께 놀 형제가 있다는 것이다. 또 외동보다는 사회성과 공감 능력이 좋다고들 이야기한다.

모두 아는 이야기지만 상황이 여의치 않다 보니 아이를 하나로 자녀계

획을 마무리하는 집이 대부분이다. 나 역시 여러 사정으로 아들 하나로 끝난 것 같다. 물론 나에게 좋은 인연이 찾아와 준다면 낳을지도 모르겠다. 그러나 그런 인연이 없거나 계획이 없는 가정은 각 가정의 상황에 따라 그에 맞게 잘 키우면 된다. 부모의 노력만 있으면 외동이라도 형제 많은 아이보다 더 나은 공감 능력을 키울 수 있다. 그렇다면 공감 능력은 정확히 무엇이며, 왜 키워주어야 할까?

공감이란 정신분석용어 사전에 의하면 제한적이긴 하지만, 다른 사람의 심리적 상태를 그 사람의 입장이 되어 느끼는 것을 통해서 지각하는 방식을 말한다. 문자적인 의미로는 다른 사람에게 '감정을 이입한다' (feeling into)는 뜻이다.

사람과의 사이에서 여러 가지 문제는 공감 능력이 부족해서 시작되는 경우가 많다. 공감 능력이 부족하면 정서적으로 불안하며, 주변 사람들과 부딪히기 쉽다. 의견이 대립되고 감정싸움으로 치닫기도 한다. 그 이유는 상대방의 감정을 제대로 모르기 때문이다. 상대방의 감정을 잘 알게 되면 이해하게 된다. 아이뿐 아니라 성인과의 관계에서도 문제가 잘 생기지 않게 된다. 감정 조절에서도 긍정적인 영향을 준다.

'외동인 우리 아이 어떤 방식으로 아이의 공감 능력을 키울 수 있을까?' 더 이상 고민하지 않아도 된다. 우리의 최고의 육아도우미 어린이집이 있으니까 어린이집에 보내면 된다. 집에서 혼자 많은 장난감을 가지고 놀다가 어린이집에 오면 한정된 장난감으로 놀이를 하며 싸우고, 양보하고, 타협한다. 또 배려와 위로도 저절로 배우고 익힐 수 있으니 얼마나 좋은가? 친구들의 감정, 역할을 마치 내 것처럼 느끼고 서로의 감정을 공유하고 소통할 수 있다. 또 엄마의 작은 습관으로 아이의 공감 능력을 충분히 키울 수 있다.

아이의 공감 능력을 키워주려면 부모부터 마음을 열어야 한다. 부모가 아이의 감정에 공감해주는 것이 가장 중요하다. 아이의 감정이 이해되지 않아도 이해하는 척해야 한다. 화내지 않아야 한다. 아이가 부정적인 감정을 드러내도 일단 아이의 감정에 긍정적으로 반응해야 한다. 공감하고 수용해야 한다. 우리가 가장 잘 아는 표현으로 "그랬구나, 그랬어? 엄마도 그래." 등이 있다. 이 정도면 충분하다.

엄마가 아이에게 공감해주면 아이도 자연스레 공감 능력이 높아져요

아들 민준이는 6살부터 어떤 특정 노래나 단어를 들으면 슬퍼하며 운다. 〈당신은 사랑받기 위해 태어난 사람〉, 〈꿈을 꾼다〉 등의 노래를 들으면 죽음이 생각난다고 한다. 아이가 어릴 때 너무 많이 울어서 아기 띠에 메고 하루에 100번은 넘게 불러준 〈당신은 사랑받기 위해 태어난 사람〉이라는 노래를 오랜만에 자장가로 불러주었는데 아들이 뜬금없이 울었다. 그리고 그 노래를 부르지 말라고 했다. 내가 부른 노래를 들으니 그냥 막연히 죽음이 떠오른다 하였다. 그래서 너무 슬퍼서 운다고 했다. 처음에는 아들이 도대체가 이해가 되지 않았다. 6년도 다 못 살아본 아이가 남이 죽는 것도 본 적도 없는데 왜 죽음에 대해 이야기하는지, 슬퍼하는지 모르겠다. 그래도 그냥 아들을 안아주었다. 그리고 모든 사람은 언젠가는 죽는다는 이야기도 해주었다.

"엄마, 나 죽는 거 무서워요."

"엄마도 죽음이 무섭단다. 왜냐하면, 우리 민준이를 못 보니까."

그 순간 나도 모르게 눈물이 쏟아졌다. 아들과 부둥켜안고 한참을 울고 우리는 꼭 100살까지 살자고 약속했다. 그러기 위해서 항상 안전에 주의할 것도 당부했다. 다음 날 밤 어제 일이 생각나 자장가로 다시 한번 그 노래를 불러보았다. 이날도 어김없이 아들은 울었고, 죽음에 대해 이야기했다. 그다음 날은 잠잘 때가 되니 그냥 죽음에 대해 이야기했다. 아들은 잠을 자는 것도 헤어짐의 일부로 받아들여서 불안한 마음이 있었던 것 같다.

다음 날도 마찬가지였다. 아이의 부정적인 마음을 긍정적인 이야기로 바꾸기로 마음먹고 자고 일어나서의 일에 대해 이야기 나누었다. 이후 아이는 잠자기 전 죽음에 대해 이야기하지 않고 자고 난 후 무엇을 할 것인지에 대해 이야기하게 되었다. 며칠간 아들과 죽음 그리고 아침을 맞이하는 이야기들을 어린이집 교사들에게 이야기해주었더니 6살 아이와 죽음에 대한 대화를 나눌 수 있다는 것을 신기해했다. 그리고 '아이가 똑똑하기에 가능한 것이 아닐까?' 하고 의문을 품었다. 결론을 말하자면 아니다. 아이가 6살이라도 충분히 다양한 대화를 하고 공감할 수 있다. 평소에 아이의 이야기를 경청하게 되면 아이와 더욱 많은 대화를 할 수 있게 되고 아이의 감정을 공감하게 된다.

아이의 마음에 공감해주면 아이는 스스로 문제를 해결하고 자신의 감정을 조절할 수 있게 된다. 자존감을 높이는 부분에서도 나왔지만, 공감 능력에서도 경청은 아주 중요하다. 앞서 잠깐 소개한 내용 외에도 경청할 때 주의사항이 있다. 다음 주의사항만 알고 실천한다면 아이와 일상적인 대화를 통해서 공감 능력을 높일 수 있다.

아이가 말을 걸어올 땐, 하던 일을 잠시 멈추고 아이의 눈을 맞추고 이야기를 들어주자. 아이의 감정을 인정하자. 이러한 태도는 아이에게 '엄마는 네 편이야, 엄마가 항상 네 뒤에 있어.'라는 느낌을 전달할 수 있다. 아이의 감정을 진심으로 이해하고자 노력하는 태도를 보이지 않고 단지 급하게 문제만 해결하고자 하거나, 말이 끝나기도 전에 캐묻고, 판단하는 말을 하고, 듣기 싫거나 답답한 표정을 짓고 있다면 아이는 말하지 않게 된다. 그리고 자신의 감정이 공감받지 못했기에 감정이 별로 중요하지 않다고 생각하게 된다.

또 말하고 싶지 않은 아이의 마음을 알아준다면 스스로 말하는 아이로 변한다. 평소에 "속상했지? 그럴 수 있어, 엄마도 그렇게 생각해, 그랬구나."라고 하면 된다. 말하고 싶어 하지 않으면 "지금은 이야기하고 싶지 않구나, 엄마가 기다릴까? 말하고 싶을 때 언제든 말해줘." 하면 된다.

"민준아, 오늘 어린이집에 잘 다녀왔어요?"

"네."

"뭐 하고 놀았어요?"

"오늘 종이 벽돌로 집을 만들고 있는데, 예준이가 갑자기 뛰어와서 무너뜨렸어요."

"어머, 그랬어요? 우리 민준이는 괜찮았어요?"

"아니요. 집이 무너져서 슬프고 무너뜨린 예준이에게 화가 났어요. 그런데 예준이가 사과도 안 하고 가버렸어요."

"그래. 우리 민준이 화가 많이 났구나. 근데 왜 예준이는 사과도 안 하고 가버렸을까?"

"모르겠어요."

"음, 그러면 내일 어린이집에 가서 예준이에게 물어보는 건 어떨까?"

"네, 그래야겠어요."

"그리고 예준이에게 오늘 민준이가 느낀 슬픔과 화에 대해서도 이야기 해보렴."

다음 날 민준이는 예준이에게 종이벽돌집을 왜 무너뜨렸는지 물어보고 자신의 느낀 기분을 이야기했다. 예준이는 민준이의 이야기를 듣고 사과하게 되었다. 사과를 받고 온 민준이가 기분이 좋아져서 그날 일을 이야기해주었다. 아이와 많은 대화를 하다 보면 다양한 감정에 대해서도 자연스럽게 이야기하게 된다. 일상적인 대화를 통해 아이를 공감해주면 아이가 감정을 조절하는 법도 함께 배워나가게 된다. 아이와 일상적인 대화를 하다 보면 자연스레 많은 대화를 나누게 된다. 이제는 아이가 슬퍼서 운다면 "뚝! 그만해, 그만 울어!"라고 말하기보다는 왜 아이가 우는지 아이의 이야기를 들어주자.

또 아이가 화가 나거나 속상해하면 "됐어, 뭘 그런 걸로 그래, 알았어!" 란 말보다는 아이의 감정을 공감해보자. 아이와의 관계도 더욱 좋아지고, 화를 내는 일도 줄어들게 된다. 우리는 성인인데도 자신의 감정을 조절하기 어려울 때가 많다. 아이의 사소한 실수나 행동에 화를 내고 분노

한다. 그리고 아이의 감정을 공감하기 어려워한다. 그것이 반복되면 아이도 부모처럼 감정을 조절하지 못하고 금방 화를 내고 짜증을 내고 떼쓰는 아이가 된다. 또 아이 역시 부모의 감정을 공감하지 못하게 된다.

＊ 아이의 공감 능력 키우는 육아법

– 아이와 많이 소통해주세요.
– 부모가 먼저 아이에게 공감하는 모습을 보여주세요.

아이와 이야기를 하면 이야기 내용에 감정이 포함되어 있다. 아이가 느낀 다양한 감정을 말로 표현할 수 있도록 해주고, 아이의 감정을 함께 공감해주면 아이의 공감 능력은 자연스레 좋아진다.

<u>3</u>

사회성을 길러주는 엄마의 말
"만약에…"

인간을 지혜의 힘으로만 교육시키고
도덕으로 교육시키지 않는다면,
사회에 대해 위험을 기르는 꼴이 된다.
− D. 루스벨트

많은 부모가 사회성에 대해 이야기하면 제일 먼저 떠올리는 것은 아이

가 누구와도 잘 어울려 노는 것을 생각한다. 친구가 많고 단짝 친구도 있

어야 사회성이 좋은 아이라고 생각한다. 그래서 어린이집이나 유치원을

처음 보낼 때 친구들과 잘 지낼 수 있는 사회성을 아이가 가지고 있을까

걱정하기도 한다.

그러나 사교적인 것과 사회성이 높은 것은 다르다. 친구 사귀기를 좋

아하고 쉽게 친해지는 사교성과 사회와 집단에 적응하고 타인과 원만한

관계를 갖는 사회성은 다른 개념이다. 또한 사회성이 높다고 무조건 친구가 많은 것은 아니다. 타고난 기질에 따라 한두 명과 깊게 사귀는 아이도 있고, 얕게 사귀지만 많은 친구와 어울리는 아이들도 있다. 또 아이들이 크면서 사교적 성향이 달라지기도 한다. 그렇다면 사교성과 다른 사회성은 무엇일까?

사회성이란 다양한 사회적 관계 속에서 사회적 행동, 성 역할, 도덕성, 규범 등을 따르며 사회의 구성원으로서의 역할을 제대로 할 수 있는가를 의미한다. 친구와 잘 어울리는 것만큼 남을 잘 배려하고, 양보하고, 무언가를 해도 되고 안 되고를 알고 행동하며, 자신의 욕구와 달리 행동할 수 있는 자기 조절력이 중요하다. 자기 조절력의 중요성을 열거하자면 끝이 없지만 조금 과장해서 충격적인 예를 든다면 자기 조절력이 부족해 충동을 억제하지 못하고 죄를 저지른 성인을 반사회성 인격장애 범죄자라고 한다. 쉽게 말해 최근 뉴스에 자주 나오는 '묻지 마' 범죄자들이 자기 조절력이 부족한 사람들이다. 이렇게 말하면 자기 조절력이 얼마나 중요한지 감이 오지 않을까 싶다.

몇 년 전부터 어린이의 입장을 금지하는 '노 키즈 존'이 논란이 되었다. 날이 갈수록 아이들은 줄어드는데 왜 아이들이 많을 때보다 줄어든 요즘에 '노 키즈 존'이 생기는 걸까? 오랫동안 교사를 하는 사람들은 자주 이야기한다. "요새 애들은 도저히 대화가 안 된다, 감당이 안 된다, 혼자서 아이 30명 볼 때보다 15명 보는 것이 더 힘들다." 예전에는 어린이집, 유치원에서 한 명의 교사가 많은 아이를 맡을 때에도 이렇게까지 힘들지 않았다는 말을 한다. 왜 갑자기 아이들을 감당할 수 없게 되었을까? 주변 식당에서 아이가 마음대로 뛰어다니게 내버려두는 부모도 만날 수 있고, 마트에 가면 무언가를 사달라고 떼를 쓰며 드러눕는 아이도 쉽게 만날 수 있다. 이 모든 것이 바로 자기 조절력과 상관이 있다.

언제부턴가 가정교육이 사라지고 지나치게 아이가 하고 싶은 대로 내버려둔다. 부모들은 하나밖에 없는 아이라서, 엄격하고 권위적인 부모가 되고 싶지 않아서, 맞벌이 등의 사유로 아이와 많은 시간을 보내지 못한다는 죄의식에서, 아이는 어려서 아무것도 모르기 때문에 뭐든지 맘껏 하도록 내버려둬도 된다고 생각하면서 힘겨루기가 싫어서, 사랑해서 원하는 대로 해주고 싶어서 등의 많은 이유를 붙인다.

그러나 같이 아이를 키우는 부모의 눈으로 바라봐도 눈살이 찌푸려지게 하는 이기적인 부모는 자녀에 대한 무분별한 사랑으로 옳고 그름의 판단력을 상실한 것이다. 인내심을 가지고 아이를 교육하기를 포기하고 내버려둔다. 이것이든 저것이든 결국 아이는 타인에 대한 공감 능력이 부족하고 자기주장만 강한 아이로 자라게 된다. 주위 사람들에게 자주 폐를 끼치게 되고 결국은 비난을 받게 된다. 밖에서 사랑받지 못하는 아이로 자라난다. 어리다는 이유로 아이에게 무조건 "그래, 뭐든지 네 마음대로 해."라고 해놓고 갑자기 초등학교나 중학교 가서는 "나이가 들었으니 네 마음대로 하면 안 된다."라고 한다면 아이는 얼마나 혼란스러울까? 매번 된다고 했다가 안 된다고 한다면 그 좌절감은 어떻게 할 것인가?

우리는 아이가 올바른 사회성을 기를 수 있도록 꼭 자기 조절력을 길러주어야 한다. 실패, 좌절의 경험을 만들어주어야 한다. 내가 하고 싶은 것만 할 수 없다는 것을 알게 해야 한다. 남에게 피해를 주지 않도록 가르쳐야 한다. 절제를 가르쳐야 한다. 사회적으로 용인된 행동을 하도록 가르쳐야 한다. 감정을 조절하는 능력을 길러주어야 한다. 진정으로 아이를 위한다면 아이에게 관심과 이해, 사랑만 줄 것이 아니라 가정교육을 통해 유능한 사회구성원이 될 수 있도록 사회성을 길러주어야 한다.

가정은 사회와 떨어질 수 없는 관계를 맺고 있다. 가정의 구성원이 사회로 나오면 사회의 구성원이 된다. 가정에서 부모의 역할 부재로 인해 유능한 사회구성원을 길러내지 못하고 반사회적 사회구성원을 만들어내게 된다면 우리 사회는 더욱더 피폐해지고 불안요소를 가지게 된다. 그래서 부모가 부모 역할을 잘할 수 있도록 지속적인 부모교육을 하는 것이다.

그러나 부모교육의 기대효과와 달리 점점 많은 부모가 아이들의 기본 생활습관이나 기본적인 예의를 어린이집, 유치원, 학교에서 배우면 된다고 생각한다. 교육은 하되 훈육은 하면 안 된다고 생각한다. 교사는 항상 아이를 바라보며 웃으며 아름답고 고상하게 교육해주길 바란다. 어릴 때부터 가정에서 부모가 아이에게 자기 조절력을 길러주었다면 부모의 바람대로 웃으며 이상적인 교육을 하게 된다. 하지만 그렇지 못한 경우 아이는 집에서 하는 것만큼 밖에서도 그대로 행동한다. 더 심한 아이도 있다. 해도 될 일과 안 되는 일을 구분하지 못하고 교사 얼굴에 침을 뱉고 발로 찬다. 마음대로 되지 않을 때마다 드러눕고 소리 지르고 운다. 욕구를 충족하고자 반사회적인 행동을 한다.

루소는 자녀를 교육하는 일에서는 가난도, 일도, 체면도 핑계가 될 수 없고 어느 부모도 면제가 될 수 없다고 하였다. 교육이 인간의 의무임을 강조했다. 인간이기를 포기하지 않는 한 자녀를 교육하는 일을 그만두어서는 안 된다고 하였다. 교육의 출발점은 가정이 되어야 한다. 부모는 아이가 올바른 사회성을 키울 수 있도록 교육을 해야 한다. 부모는 아이의 첫 번째 교사로서 타인을 이해하지 않고 내 아이만 위하는 이기적인 부모가 되어서는 안 된다. 부모가 먼저 옳고 그름을 알고 행동해야 한다. 아이에게 좋은 본보기가 되도록 항상 노력해야 한다.

아이의 사회성을 높이는 가정교육 방법

절제는 영아기 무렵부터 가르쳐야 한다. 위험하거나 남에게 피해를 주는 행동 등 정말 해서는 안 되는 행동을 할 때 하면 안 된다는 것을 알려주기 위해 단호하게 "안 돼!"라고 말해야 한다. 그러나 아이가 새로운 것을 탐색하며 집을 어지럽히고 호기심에 두드리고 만지는 등의 행동을 할 때 양육의 편의를 위해 자주 그렇게 말하면 효력이 떨어진다. 내가 원하는 것을 무조건 할 수 있는 것이 아님을 깨닫게 한다. 유아기가 되면 '안 돼.'라는 말보다는 아이와 생각을 나누어야 한다. 아이가 생각해서 옳은 일이 할 수 있도록 의도된 질문을 해야 한다.

또 옳지 않은 일을 했을 때 일어날 결과에 대해 이야기하고 스스로 결정할 수 있도록 한다. 그리고 책임감을 길러주어야 한다. 우리 집 가족 구성원으로서 어떤 역할을 맡기고 때론 하고 싶지 않지만 해야 한다는 것을 알려주어야 한다. 예를 들어 아빠가 가족을 위해 요리를 하고 엄마는 청소를 하고 아이는 빨래를 구분하거나 신발장 정리를 하거나 무언가 할 수 있는 역할을 나누어서 하는 것이 좋다.

아이가 자신의 감정을 조절할 수 있도록 해야 한다. 슬픔, 화, 근심, 걱정 등과 같은 부정적인 감정을 숨기거나 무시하는 것이 아니라 인정하고 스스로 다스릴 수 있도록 도와야 한다. 그러기 위해서는 부모가 아이의 감정을 공감하고 이해해주어야 한다. '만약에…'를 활용한 대화를 통해 다른 사람의 입장에서 느끼고 이해할 수 있게 한다면 아이는 자신의 주장만 내세우지 않고 남의 입장도 배려하는 사회성 좋은 아이로 자라나게 된다.

＊ 아이의 사회성 키우는 육아법

– 안 되는 것도 있다는 것을 가르쳐요.
– 또래들과 어울리게 해요.

아이들도 자기 마음대로 행동하는 친구랑 놀기 싫어하고 배려하고 양보하는 친구를 좋아한다. 아이들은 함께 놀이를 하며 생기는 문제를 해결하는 과정을 통해 타인의 감정과 생각을 이해할 수 있게 된다.

4
—

창의력을 높여주는 엄마의 말
"그럴 수도 있겠구나, 엄마도 못 한 멋진 생각을 했네."

모든 사람은 창의적이다.
그러나 익숙한 것에 머물러 있는 동안에는
혁신적인 아이디어가 자라지 않는다.

– 베이컨

내가 다니던 초등학교와 아들이 다니고 있는 초등학교를 비교하면 시
대의 변화에 맞추어 많은 것이 변해 있다. 제일 큰 변화로는 시설의 변
화. 정말 다시 다니고 싶을 만큼 좋게 변해 있다. 그다음은 교장, 교감 선
생님 이하 담임선생님들의 변화이다. 열린 마인드를 가지고 교육하시는
분들이 많아졌다. 아이들의 다양성을 인정하려 노력한다. 자기 발전을
위해 노력하시는 분도 많다. 교수 방법도 많이 변하였다. 주입식 교육에
서 탈피하려는 노력도 있다. 그러나 아직 우리나라 학교가 아이들이 미

래사회를 살아가기 위한 기본적 자질보다 학습 내용을 암기시키고 말 잘 듣는 수동적인 아이를 양성하는 곳임은 부정할 수 없다.

언제부터인가 아이의 지능지수(IQ)보다 감성지수(EQ)가 중요하다고 말했다. 그때에는 많은 이들은 이해할 수 없었지만, 이제는 그 말처럼 현실로 다가오고 있다. 아이의 지능, 학교 성적이 성공 공식이 깨지고 있다. 세상은 학벌 좋은 사람보다는 자신만의 무기를 가진 창의적인 인재에 더 주목하고 있다. 열심히 공부해서 명문대를 졸업했지만 취업을 못하고 있다. 그러나 반대로 자신이 하고 싶어 하는 일에 몰두한 사람들은 정작 좋은 직업을 가지고 성공한 사람이 더 많아지고 있다.

과거와 현재의 변화처럼 미래에는 더욱 많은 변화가 올 것이다. 지금도 무언가 궁금한 것이 있으면 인터넷을 통해 정보를 얻을 수 있다. 사람이 암기하고 학습하는 것보다는 인공지능이 훨씬 많은 데이터를 빠르게 입력하기에 사람이 이길 수 없다. 인공지능과 로봇이 발달함에 따라 점점 직업이 사라질 것이다.

미래사회를 살아가기 위해서는 새로운 능력을 개발해야 한다. 그중 가장 먼저 버려야 할 것은 주입식 학습 강요이다. 앞으로의 인재는 다양한 지식보다 기본적인 문해 능력만 지닌 채 창의적이면 된다. 인공지능, 로봇, 드론들이 못 하는 일을 하는 창의적인 인재가 되어야 한다.

"민준 엄마야, 민준이 블록이라는 거 있나? 라디오에서 들었는데 블록을 하면 창의력이 좋아진다고 하더라. 없으면 하나 사줘라. 돈은 내가 줄게."

"네, 아버님. 민준이 블록 있어요. 안 사주셔도 괜찮아요."

"그렇나? 그래 네가 잘 알겠지. 우리 민준이 잘 키워라."

아이가 3살 때쯤이었던가? 시아버지는 대뜸 창의력이 좋아지는 블록을 사주라고 전화를 하셨다. 이제는 젊은 부모뿐 아니라 나이든 할머니, 할아버지들도 지식보다 창의력이 더 중요하다는 것을 알고 있다. 아이들을 위해 어떻게 하면 창의력 있는 아이로 키울 수 있을지 고민하는 부모들이 늘어간다. 창의력을 키워주고자 이슈가 되는 많은 것들을 시도한다. 블록이 좋다 하면 블록을 사주고 코딩, 로봇 과학, 창의력 학습지까지 시킨다. 창의력을 키우기 위해 우왕좌왕하다가 시간을 허비한다.

아이들의 창의력은 학자마다 조금은 다르게 말하고 있긴 하지만 보통은 유아기가 중요하다고 한다. 그러나 나는 시기보다는 부모의 양육 방식, 말하는 행동과 습관이 아이의 창의력을 좌우한다고 생각한다. 혹시 아이의 무한한 질문을 귀찮아하거나 쓸데없는 질문으로 치부하지 않았는지 생각해보자. 바로 그 행동이 아이의 창의력을 죽이는 행위이다. 하지만 그렇게 했더라도 지금부터 생활 속에서 아이와의 대화로 충분히 창의력을 키워줄 수 있으니 실망하지 말자.

아이와 어떤 대화를 하느냐에 따라 아이의 창의력이 달라집니다

"엄마, 태양계 행성은 모두 몇 개예요?"

"글쎄, 같이 한번 세어볼까요?"

"엄마, 근데 왜 토성은 고리가 있어요?"

"글쎄, 민준이는 왜 고리가 있다고 생각해요?"

"태양 주변을 빨리 돌고 있어서 고리처럼 보이는 건 아닐까요? 알고 보면 엄청 빠른 속도로 쌩쌩 돌고 있어서?"

"어머, 그럴 수도 있겠구나, 엄마도 못 한 멋진 생각을 했네. 우리 왜 고리가 생겼는지 한번 인터넷에 찾아볼까?"

아이들은 언제부터인가 끊임없이 질문한다. 수시로 하는 질문에 귀찮아하지 말고 대답해주어야 한다. 엉뚱한 질문이라도 아이의 생각을 들어주고 자신의 의견을 말할 수 있도록 해라. 모르는 질문을 한다 해서 당황할 필요 없다. 아이와 함께 알아보면 된다.

또 아이에게 질문할 때 대답이 '네', '아니요' 같은 질문이 아닌 생각해서 대답할 수 있는 질문을 해야 한다. 교육학 용어로 발문이라고 하는데 어떤 내용을 알고 있는 사람이 모르는 사람에게 질문하여 그에 대한 대답을 다양한 측면에서 생각해보게 함으로써 스스로 정답이나 깨달음을 얻게 하는 질문 기법이다. 발문을 통해 창의력뿐 아니라 문제 해결력도 함께 키울 수 있다. 질문을 잘하지 않는 아이도 있을 수 있다. 그럴 때 부모가 사소한 것에 의문을 가질 수 있도록 해야 한다. 질문을 많이 하는 아이로 키우고 싶다면, 먼저 질문을 많이 해보자. 동화책을 읽고 나서 "선녀는 나중에 어떻게 됐을까?", "나무꾼은 지금 무슨 생각을 하고 있을까?" 등 아이에게 상상하고 생각하는 힘을 길러주면 좋다.

"어? 이게 무슨 소리지? 민준아, '맴맴' 하는 소리 어디서 나고 있어요?"

"엄마, 매미 소리예요. 아마 나무에 붙어 있을 거예요."

"응, 그렇겠지? 근데 왜 매미는 왜 나무에 붙어 있을까요?"

아이와 많은 것을 보고, 다양한 경험을 주어야 한다. 그 경험을 이야기를 나눈다면 더욱더 창의력이 커진다. 그래서 아이와 많은 시간을 보내고 여행을 하는 것이 좋은 이유이다. 여행이라고 해서 거창할 필요는 없다. 집 앞 바닷가를 가는 것으로도 충분하다. 바다에서 자연을 접하며 관찰하고 놀면서 무언가에 궁금증을 느끼고 궁금증을 해결하면서 무언가를 발명할 수도 있다. 발명이란 완전한 새로운 것이 아닌 자연의 법칙을 이용해 과학적 창의와 기술적 아이디어를 통한 새로운 것으로 만드는 것이다. '모방은 창조의 어머니'라는 말도 있지 않은가? 많이 보아야 한다. 그래야 창조를 하게 된다.

나의 아들은 자주 할머니 집에 가서 논다. 집에서는 다양한 놀잇감이 있지만, 할머니 집에 매번 다 가지고 갈 수 없다. 몇 가지를 가져가 이것저것 가지고 놀다가 심심하면 자신만의 놀이를 개발해서 할머니에게 같이 하자고 한다. 옆에서 지켜보면 어디서 많이 본 보드게임의 형태와 닮았다. 그날 기분이나 기억 상태에 따라 게임의 방식은 바뀐다. 할머니는 불평 없이 매번 아이가 만든 놀이를 따라준다. 아이는 신이 나서 몇 년째 새로운 놀이를 만들어 내고 있다. 종이에 그림을 그리고 자르고 규칙을 만든다. 그렇게 창의력이 커지는 것이다. 어떻게 매번 다른 것을 만들어 낼까 경이롭기도 하다. 아이가 절대 특별해서가 아니다. 모든 아이가 가능하다. 다만 아이가 함께 놀아주면서 칭찬해야 하는 번거로움이 있을 뿐이다.

생각해보면 우리는 알게 모르게 늘 창의력을 발휘하고 있다. 음식을 할 때, 그림을 그릴 때, 책이나 드라마를 보고 뒷이야기를 상상할 때, 집안일을 더 효율적으로 하는 방법을 강구할 때 등 생각보다 많다. 우리는 누가 책이나 드라마의 뒷이야기를 상상하라고 시키지 않았지만 내가 즐겁고 재미있고 관심 있기에 상상하게 된다.

마찬가지로 아이들도 무언가에 관심이 있어야 창의력을 발휘할 수 있다. 내적 동기와 호기심이 필요하다. 부모가 정해준 책을 읽기보다는 아이 스스로 원하는 책을 읽어야 창의력이 높아질 수 있다. 그려진 그림을 색칠하기보다는 스스로 원하는 그림을 스스로 그릴 때 창의력이 높아진다. 아이가 스스로 원하는 것을 학습할 수 있도록 격려하기, 새로운 생각

칭찬하기, 잘 놀아주기, 발문하기 등 부모의 양육 방식과 태도를 바꾼다면 아이의 창의력은 무럭무럭 자라게 될 것이다.

✱ 아이의 창의력 키우는 육아법

– 다양한 경험을 하게 해주세요.
– 아이가 새로운 것에 호기심을 표현하고 질문할 수 있도록 해주세요.

아이를 키우다 보면 다소 엉뚱한 질문을 하여 난감할 때가 있다. 답을 알 수 없을 때는 아이에게 다시 질문을 돌려주세요. "너는 왜 그렇다고 생각해?" 또 황당한 질문은 한 아이를 칭찬하세요. "민준아, 너는 어떻게 그런 생각을 했어? 정말 대단해. 엄마가 인터넷을 찾아보았는데, 아무도 그런 생각을 못 했는지 답을 찾지 못했어."

5

문제 해결력을 높여주는 엄마의 말
"어떻게 하는 것이 좋을까?"

사고력을 기르지 못하는 교육은
결국 정신을 타락시킨다.

– 아나톨 프랑스

UN미래 보고서에 따르면 우리 아이들이 살아가게 될 세상은 지금과 많이 다를 것이라 한다. 많은 사람이 직업을 잃고, 또 많은 직업이 사라지지만 새로운 직업도 생겨난다. 급변화는 사회를 대비해 아이들에게 무엇을 준비해주어야 미래에 살아가는 데 도움이 될지 고민하는 부모가 늘어나고 있다. 미래 교육학자들은 미래인재에게 꼭 필요한 역량들을 제시하였다. 여러 역량 중 공통으로 문제 해결력이 중요하다고 입을 모아 말했다. 문제 해결력이란 다양한 경험, 지식, 정보를 바탕으로 합리적, 직감적 사고를 통해 효율적으로 문제를 해결하는 능력이다. 문제 해결력을 어떻게 키워주는지 잘 몰라서 문제 해결력을 위해 문제지를 풀리고 학원을 보내는 부모들이 무척 많다. 정말로 아이에게 문제 해결력을 높여주고 싶다면 지금부터 연습하면 된다. 엄마의 말 습관으로 충분히 길러줄 수 있다.

〈건우 엄마〉

"너희 둘 왜 싸웠어?"

"엄마, 오빠가 내 색연필 가져갔어."

"건우야, 너는 네 색연필은 어쩌고 동생 색연필 가져갔어? 빨리 돌려주고 사과해!"

〈민준 엄마〉

"민준이와 민지 둘 다 화가 많이 났구나. 왜 화가 났는지 민지가 먼저 엄마한테 이야기해줄래요?"

"엄마, 저는요? 왜 민지 이야기 먼저 들어요?"

"민준아, 며칠 전에는 민준이 먼저 이야기했으니 오늘은 민지가 먼저 이야기하는 것이 좋을 것 같은데?"

"엄마, 오빠가 내 색연필을 가져갔어요. 그림일기 숙제를 해야 하는데 오빠가 돌려주지 않아요."

"저런, 민지가 숙제를 못 하고 있었겠구나. 그래서 화가 났구나. 민준이도 이제 왜 화가 났는지 이야기해줄래요?"

"엄마, 저도 책 읽고 그림 그려가야 해요. 제 색연필은 많이 잃어버려서 색깔이 다 없단 말이에요. 그림 다 그리고 나서 줄 건데 계속 와서 가져가려고 하잖아요. 준다고 말을 했는데도 저래요. 도대체 말이 안 통해요."

"아, 그래서 민준이가 화가 났구나. 엄마가 민지랑 민준이 이야기를 들어보니 둘 다 화가 날 수 있겠구나. 그런데 민준아 만약 민지가 네 색연필을 가져가서 달라고 했는데 바로 돌려주지 않는다면 네 마음은 어떨까?"

"화가 많이 날 것 같아요. 민지야, 미안해."

"그래 그럼 색연필은 어떻게 하는 것이 좋을까? 우리 함께 생각해보자."

건우 엄마처럼 자기 생각을 곧장 말할 수도 있다. 그렇게 한다면 시간이 별로 걸리지 않고 쉽게 문제가 해결된다. 하지만 어른이 제시한 해결책이 아이에게도 좋다는 법이 없다. 분명 건우가 불만을 가질 수도 있다. 의견을 묻지도 않고 무조건 돌려주라고 이야기한 것은 결론적으로 문제가 원만하게 해결된 것이 아니다. 부모는 내 편의를 위해 내 마음 내키는 대로 말하고 싶지만 꼭 참아야 한다. 아이가 스스로 문제에 대해 생각할 수 있도록 해야 하며 문제의 해결책을 찾도록 격려해야 한다. 만약 아이가 자신의 감정과 생각을 정리할 시간을 충분히 주었는데도 적당한 해결책을 내놓지 못한다면 "엄마 생각은 이렇게 하면 좋겠는데, 너는 어떻게 생각하니?" 엄마의 생각을 이야기하며 다시 의견을 물어보면 된다.

"민지야, 민지는 오빠가 어떻게 해주었으면 좋겠어요?"

"색연필을 지금 바로 돌려주면 좋겠어요."

"민준아, 민지가 지금 바로 색연필을 돌려주면 좋겠다고 하는데 너의 생각은 어때?"

"저도 지금 필요한데 거실에서 같이 사용하면 안 될까요? 그리고 엄마가 제 색연필 새로 사주시면 좋겠어요."

"민지야, 오빠도 민지처럼 숙제를 지금 해야 한다는데, 오빠 말대로 오늘은 거실에서 함께 사용하는 것은 어떨까?"

"네, 알겠어요."

아이들은 매일매일 새로운 문제를 만난다. 매일 만나는 문제들을 엄마가 해결해주면 아이는 다음에 똑같은 문제를 만나도 해결하지 못한다. 아이의 문제 해결력을 높여주기 위해서는 문제에 대한 답을 바로 이야기해주는 것이 아니라 질문을 통해 스스로 생각하는 아이로 만들어야 한다. 아이와 이야기 나누고 함께 고민하며 문제를 해결해갈 수 있도록 도와야 한다. 건우네에 비해 많은 시간이 걸렸지만, 민준이네 아이들은 문제에 대한 자신의 감정을 표현하고 인정하는 동안 감정을 정리하게 되었고, 엄마가 자신을 소중히 여기고 잘 이해해준다고 느꼈을 것이다. 그리고 비슷한 문제를 여러 번 겪게 되면 엄마의 중재 없이도 충분히 스스로 문제를 해결해갈 수 있게 된다.

결국은 부모의 말 습관으로 아이가 문제 해결력이 좌우된다고 볼 수 있다. 학원을 보내지 않더라도 아이에게 말만 잘 건네면 충분히 문제 해결력을 키워줄 수 있다. 아이에게 항상 스스로 생각할 수 있게 하는 말들을 습관화하자.

스스로 할 기회를 주는 것도 문제 해결력을 높이는 방법입니다

스스로 생각하게 하는 방법 말고도 문제 해결력에 중요한 것이 있다. 바로 스스로 행동하는 것이다. 요즘은 더욱더 스스로 할 수 있는 일을 못하는 아이들이 많다. 예전보다 아이가 적어서일까? 너무 사랑해서일까? 아니면 서툴기 때문에 어차피 엄마 손 가야 하는 거 기다리기 싫어서, 엉망이 될까 봐 편의를 위해 등 엄마의 인내심 부족, 기다림 부족, 엄마의 편의를 위해서인지는 모르겠지만 많은 엄마들이 평소 습관처럼 모든 것을 해준다. 아이가 스스로 할 기회를 주지 않는다.

또 가끔 보면 4~5살 되는 아이를 한 발짝도 걷게 하지 않는 부모도 있다. 안고, 엎고, 메고, 유모차 같은데 태우고 다닌다. 그래서인지 4~5살이 되어도 계단을 누가 잡아주지 않으면 못 올라가고 넘어진다. 어린이집에서 산책하는데 못 걷는다. 몇 발 가면 넘어지고 몇 발 가면 넘어지고, 걸음마 하는 아기를 보는 것 같다. 정상적인 아이인데도, 모르는 사람들이 보면 장애가 있는 아이인지 알고 물어보기도 한다. 아이가 정말 사랑스럽고 좋아서 땅에 발을 닿게 할 수 없는 부모라면 어린이집에 아이를 안 보내고 집에서 계속 안고 있어야 할 텐데, 또 어린이집은 잘 보낸다. 도대체 어떤 마음인지 알 수 없다.

만약 지금까지 아이의 일을 다 해주었다면 지금부터라도 아이에게 기회를 주도록 하자. 혼자 밥을 떠먹고, 신발을 스스로 신어보고, 걸어보고, 옷도 입어보고, 가방도 정리하고, 자기가 가지고 논 장난감을 정리하기 등 사소한 일을 스스로 할 수 있도록 해야 한다. 아이가 서툴고 잘 못하더라도 계속 연습의 기회를 제공하고 격려해서 잘할 수 있도록 도와야 한다. 그렇게 하면 아이는 서툰 일들을 곧잘 할 수 있게 될 것이다.

나는 주변에서 우스갯소리로 계모 아니냐는 이야기를 종종 듣는다. 아이가 스스로 신어 양말의 뒤꿈치가 발등에 오도록 신고 다니고, 바지나 티셔츠를 반대로 입고 다닌다. '아이가 반대로 입고 나가서 누군가가 이야기해주거나 불편함을 느끼면 스스로 바로 입겠지.'라고 생각하고 내버려둔다. 이상하고 불편한 문제를 깨닫고 바로 입는 것도 문제를 해결하는 것이다.

그 외에도 자기 일을 자신이 스스로 하도록 내버려둔다. 가방을 스스로 챙기게 하고 준비물도 먼저 이야기해주어야 준비해준다. 알림장을 보여주지 않으면 보지 않는다. 그래서 아들이 무언가를 못 챙겨간 적도 있다. 못 챙겨가서 불편함을 느끼고 누군가에게 아쉬운 소리를 하며 빌리는 것을 몇 번 반복하고 나니 아이가 스스로 챙기게 되었다. 학교 갈 시간 전에 스스로 알람을 듣고 일어나고, 스스로 챙겨 학교 출발 알람이 울리면 학교에 간다. 나는 아이에게 한마디도 하지 않고 있거나 자고 있더라도 아이가 인사를 하고 간다. 이런 사소한 일들이 차곡차곡 쌓이다 보면 어려운 문제가 생겼을 때도 스스로 문제를 해결해보려고 노력하게 된다.

앞으로 아이가 살면서 분명 여러 문제를 만나게 되고, 부모가 도와줄 수 없는 상황이 오게 된다. 그때 아이가 스스로 문제를 해결하지 못한다면 큰 문제가 될 것이다. 지금부터 아이 문제는 아이가 해결할 수 있도록 양육 방식을 변경해보는 건 어떨까? 처음에는 아이의 서툰 모습을 보고 마음이 아파서 해주고 싶기도 하고 답답하기도 하고 짜증날 수도 있다. 그러나 그것을 초월해야 한다. 그러면 아이는 엄마가 해주거나 잔소리하

지 않아도 스스로 잘하는 아이가 되어 있을 것이다. 분명 미래에 아이는

그 어떤 문제도 어려워하지 않는 훌륭한 문제 해결력을 가진 사람으로

성장해 있을 것이다.

＊ 아이의 문제 해결력 키우는 육아법

– 스스로 할 수 있게 내버려두세요.
아이가 혼자 할 수 있는 일을 스스로 할 수 있도록 기다려주고 격려한다면, 아이
는 어떠한 일을 하다가 생긴 문제를 스스로 해결해보려고 노력하게 된다.

– 가족회의를 해보세요.
가족회의는 아이에게 문제를 인지하고 해결하는 방법을 찾을 수 있도록 긍정적
인 모델링 효과를 제공한다.

6

학습 능력을 길러주는 엄마의 말
"엄마는 우리 아들(딸)이 잘할 수 있을 거라 믿어!"

소년들의 공부를 강제와 엄격함으로 훈련시키지 말고
그들이 흥미를 느낄 수 있도록 인도한다면
그들은 마음으로 긴장할 것이다.

– 플라톤, 「공화국」

'말이 씨가 된다.'라는 속담이 있다. 늘 말하던 것이 그대로 되었을 때

를 이르는 말인데, 보통은 나쁜 상황을 말하면 나쁜 일이 생기기 때문

에 말을 조심해야 한다는 뜻으로 사용한다. 반대로는 좋은 말을 하면 좋

은 일이 일어난다. 그렇기에 나는 무언가를 원하거나 어려운 일이 생기

면 마음으로는 그렇게 생각하지 않지만, 일부러 미래에 대한 긍정적이고

희망적인 예언을 한다. '모든 것이 다 잘될 거야.', '나는 운이 좋아.', '좋은

논문을 쓸 수 있을 거야.', 나는 멋진 작가가 될 거야.', '내가 운영하는 원

의 아이들은 모두 행복한 아이로 자랄 거야.' 신기하게도 이런 말을 하게 되면 말하는 대로 좋은 방향으로 흘러가는 경험을 자주 했다. 그래서 좋은 일들을 기대하며 말한 것이 이루어지니 주변에서 촉이 좋다고 이야기한다. 사실은 내가 촉이 좋아 맞춘 것이 아니다. 내 생각대로 이루어지는 자기충족 예언을 한 것이다. 비슷한 말로는 '자성적 예언', '피그말리온 효과', '로젠탈 효과'라고도 한다.

피그말리온 효과는 타인의 기대나 관심으로 인하여 능률이 오르거나 결과가 좋아지는 현상을 말한다. 하버드 대학의 교수로 재직 중이던 로젠탈은 이러한 효과를 초등학생과 교사를 상대로 실험을 했다. 실험내용은 초등학생들을 대상으로 지능 검사를 한 후 무작위로 20%를 뽑아서 선생님에게 명단을 주면서 이 학생들은 다른 학생들보다 지능이 높고 앞으로 더 향상될 것이라고 말해주었다. 학년이 끝날 때쯤 로젠탈 교수는 똑같은 유형의 지능 검사를 하였는데, 실제로 지능지수가 예전과 비교하면 월등하게 높게 나온 것을 확인할 수 있었다. 물론 그 20% 학생 중 지능이 높은 아이들도 있었지만, 무작위로 뽑았기 때문에 낮은 학생들도 분포해 있었다.

이런 결과를 받아본 후 로젠탈 교수는 교사들의 기대 때문에 이러한 결과를 얻을 수 있었다고 한다. 명단에 있는 학생들의 지적능력이 높고 학업성취율도 좋다고 말했으니 선생님은 의심 없이 믿고 학년을 마친 것이다. 그래서 명단에 포함된 학생이 공부를 열심히 하지 않을 때는 격려 및 칭찬을 해주면서 더 관심 있게 지켜보게 되었고 학생들도 선생님의 기대와 관심에 부응하기 위해서 더욱 열심히 공부하였기 때문에 그런 결과가 나온 것이다. 이후 피그말리온 효과를 실험해본 많은 사례 역시 동일한 효과가 나타났다.

아이는 부모의 긍정적인 말과 믿음으로 성장합니다

자성적 예언은 피그말리온 효과를 기대하는 말이다. 선생님이 아이들에게, 가정에서 부모님이 자녀에게 긍정적인 기대와 격려를 지속해주다 보면 능력을 최대한 발휘할 수 있도록 도와주는 것이라고 할 수 있다. "엄마는 민준이가 공부를 잘해서 너무 기뻐. 앞으로도 우리 민준이는 공부를 열심히 해서 좋은 성적이 나올 수 있을 거야. 이번에는 시험에서 실수했나 보네. 다음번에는 더 좋은 성적이 나올 수 있을 거야." 이런 말로 아이의 능력을 향상시킬 수 있다. 이제부터 아이의 학습이 걱정된다면, 옆집 아이와 비교하거나 비난하지 말고 자성적 예언가가 되어 아이에게 관심을 가지고 긍정적으로 격려하자. 그러면 아이는 지금보다 열심히 공부하고 나은 성적을 받아올 것이다.

보통의 유아 교사들은 훌륭한 자성적 예언가이다. 성향에 따라 조금은 다르지만, 그들은 아이들에게 습관적으로 끊임없이 긍정적인 격려를 한다. 또 좋은 미래를 예견해준다. 자녀를 잘 키우고 싶다면 부모도 말부터 바꾸어야 한다. "참 못한다, 너는 왜 친구보다 못하니? 그렇게 가르쳐도 나아지질 않네." 같은 부정적인 말은 정말 아이를 못하는 아이로 만든다. 이제는 아이에게 좋은 말만 하고 좋은 예언만 해주자.

나는 아들을 키우며 8년째 예언하고 있다. 처음에는 아들이 밤낮없이 울어 걱정스러운 마음을 스스로 달래고자 시작하게 되었다. 아이를 아기 띠에 메고 '당신은 사랑받기 위해 태어난 사람'을 무한 반복으로 불러주며 "민준이는 건강한 아이야." "너는 모두에게 사랑받는 아이야." "너는 (생)명이 긴 아이야." "너는 행복한 아이야."라고 1년 365일 중 350일 정도 매일 수십 번 반복해서 예언했다.

시간이 흘러 민준이가 다른 아이들보다 말이 늦고 말에 반응하지 않고 유난히 어딘가를 기어오르고 활발히 사고를 치는 시기가 왔다. 태어날 때부터 그랬지만 잠자는 시간이 유난히 짧아서 양육하기 힘들고 어딘가 문제가 있지 않을까 불안한 마음에 예언을 추가하였다. "민준이는 이상한 게 아니라 남들보다 특별한 아이야. 넌 더 훌륭한 어른이 되기 위해 남들과 다르게 자라고 있어. 에디슨처럼 되려고 잠을 많이 안 자는 거야. 제발 아프지 말고 건강하고 사고 없이 무탈하고 명이 긴 아이가 되렴. 할머니 말씀처럼 부지런한 유전자로 잠을 많이 안 자는 것뿐이지 넌 무척 건강해." 내가 한 예언처럼 아이는 말에 반응도 하고 말도 할 수 있게 되었다. 잠은 여전히 적게 잤지만 건강하게 잘 자라고 있음을 느꼈다. 잠을 안 자면 키가 안 큰다는 말이 무색하게 너무 잘 자라고 있다.

이후 또 욕심을 부려 예언을 수정, 추가했다. 잠자기 전에 자주 아이가 들을 수 있도록 해주었다. 만약 바빠서 함께 잠자리에 눕지 못하게 된다면 잠든 아이에게 꼭 이야기해주었다. "민준아, 행복한 아이, 건강한 아이, 지혜로운 아이가 되어주세요. 다른 사람을 돕는 좋은 마음을 가진 어른으로 자라주세요. 세상에 꼭 필요한 사람이 되어주세요."

예언에 효과가 있는 것인지는 몰라도 나는 내 예언대로 자라주는 아들에게 만족하며 감사하며 키운다. 혹시 또 아들에게 바라는 것이 생기면 예언을 바꾸어 말할 것이다. 그리고 아이가 내 품을 떠날 때까지 계속 말해줄 것이다.

요즘 들어 주변 사람들은 나에게 자주 아들을 공짜로 키운다고 한다. 사실 나도 그렇게 생각하고 있다. 아이가 약속한 시간이 되면 잠자리에 들고 새벽같이 일어나고 자신의 할 일을 스스로 찾아서 한다. 무언가를 시키면 2번 말하게 하는 법이 없다. 무언가를 요구해서 못 들어주게 되면 상황을 설명한다면 절대 떼를 쓰지 않는다. 거의 모든 문제를 스스로 해결한다. 바쁘고 게으른 엄마가 챙기지 않아도 받아쓰기를 하는 날 아침이면 나보다 일찍 일어나 미리 공부도 하고 간다. 내가 늦잠을 자도 아이는 스스로 일어나 먹을 것을 찾아 먹고 알아서 챙겨서 학교에 간다. 때론 서툴고 무언가를 깜박 잊기도 하지만 나와 아들은 개의치 않아 한다. 학교와 학원 가는 것이 즐겁다고 이야기한다.

남들이 보기엔 순종적으로 보인다. 그러나 사실 민준이는 걱정이 많고 겁도 많은 편이지만 고집이 있는 아이이다. 자신이 이해하지 못하게 무언가를 하거나, 내가 짜증이나 화를 먼저 낸다면 아이도 자신이 성격 있다는 것을 보여준다. 지는 것을 무척 싫어한다. 그래서 나와 힘겨루기도 많이 했다. 그런 아들과 잘 지내게 된 것은 나의 양육 방식이 변했기 때문이라고 생각한다. 아주 작은 차이로 아이가 변했다. 육아를 편하게 하고 말 잘 듣는 아이를 양육하는 부모들과 힘들게 육아하고 말을 잘 안 듣는 아이를 양육하는 부모들을 잘 관찰하면 방법을 알 수 있다. 나는 많은 부모와 아이를 관찰하며 좋은 것을 배워 아이에게 적용하고자 노력한다. 아이를 더 잘 키우기 위해 공부하고 노력한다. 화를 내지 않고 아이를 존중하려고 노력한다.

많은 부모들은 아이들에게 공부하라고 강요하지만 정작 부모 자신은 아이를 잘 키우기 위해 공부하지 않는다. 아이를 잘 다루는 것도 하나의 기술이다. 별것 아닌 것 같지만 '아'와 '어'의 차이로 뜻이 달라지듯 아이에게 부모의 말 한마디와 행동 하나로 아이가 달라진다. 그것을 깨닫지 못하면 변할 수 없다. 아이가 바뀌기를 바라면 부모 먼저 바뀌어야 한다. 말부터 시작해라. 그러면 편안한 육아를 경험하게 될 것이다. 하루하루 행복해질 것이다. 지금 나는 그 어느 때보다 평화롭고 행복하게 지낸다.

앞으로도 나와 아들은 서로를 사랑하고 행복한 미래를 그리며 격려하고 칭찬하며 지낼 것이다.

"아브라카다브라!" 고대 유대인들이 사용하던 히브리어로 '말 한대로 이루어지리라'라는 뜻의 주문이다. 주문은 꼭 해야 하는 건 아니다. 아이의 미래를 긍정적으로 바꿀 수 있는 마법의 말만 하면 된다. 아이에게 바라는 점과 사랑과 관심을 담아 아이를 격려하고 칭찬하자.

"넌 멋진 어른이 될 거야."

"너는 네가 원하는 모든 것이 될 수 있어."

"정말 자랑스럽다."

"조금만 더 열심히 하면 더 잘할 수 있을 거야."

"엄마는 민준이가 무엇이든 잘할 수 있다고 믿어."

"세상에 꼭 필요한 사람이 되리라 믿어."

"엄마는 민준이를 세상에서 제일 사랑한단다."

책임감을 길러주는 엄마의 말
"스스로 해보렴."

교육은 빠를수록 좋다.
교육은 착하게 인도할수록 좋다.
교육은 바르게 가르칠수록 좋다.
– 이이

요즘은 부모들이 아이의 일을 하나부터 열까지 모두 해주는 경우가 많이 있다. 충분히 혼자 신발을 신을 수 있지만 신겨주고 밥을 스스로 먹을 수 있지만 떠 먹여준다. 할머니가 아이를 키워주면 더욱 심한 것 같다. 나 역시 가까이 친정과 시댁이 있어서 육아에 도움을 많이 받았다. 아이가 태어나서 죽을 만큼 울 때부터 시작해서 초등학교에 다니고 있는 지금까지 도움을 받고 있다. 가까이 양가 부모님 덕분에 어쩌면 용기를 내어 다시 공부하고 일하게 되었는지도 모른다. 그러나 가끔 할머니의 양육 방식으로 인해 불만이 생기기도 한다. 아이가 초등학생인데 스스로 잘 먹고 있는 아이의 수저를 받아서 떠 먹여주시고, 신발도 신겨주신다. 너무 아기처럼, 아니 어쩌면 고대의 황제를 대하듯 하신다.

그래서인지 할머니 집에 며칠 지내고 오면 감당이 안 될 때도 있다. 갑자기 상전이 되어온 아들은 갑작스레 집에서 갑질을 한다. 그래도 아들을 너무 사랑하셔서 그렇게 한 것이니 불만스럽지만 대놓고 크게 불평하지는 않았다. 그러나 아이를 진정으로 사랑하신다면 그렇게 안 하는 게 좋다고 말씀드리고 싶다.

아이의 책임감은 태어날 때부터 가지고 태어나는 것이 아니다. 주변의 환경과 양육 방식에 의해 변화된다. 아이의 일을 누군가 대신해준다면 아이는 점점 무기력해지고 책임감이 무엇인지 모르게 된다. 스스로 결정하고 실행해보지 않는 아이는 책임감이 없다. 책임감 있는 아이로 키우려면 어릴 때부터 자조 능력을 키워주어야 한다. 스스로 결정하고 행동한 것에 대한 결과가 모두 자신에게 달려 있다는 것을 알아야 한다. 아이에게 스스로 결정하고 행동하게 하고 결과도 받아들일 수 있게 하는 것이 책임감을 배울 수 있는 가장 좋은 방법 중 하나이다.

"엄마, 배고파요."

"그래, 엄마가 시리얼에 우유를 부어줄게."

"엄마, 제가 들고 갈게요."

"조심해서 들고 갈 수 있겠니? 우유가 쏟아질 수도 있으니 조심하렴."

"엄마, 우유를 조금 흘렸어요."

"그래, 많이 쏟지 않고 잘했구나. 다음번에는 더 잘할 수 있을 거야. 흘린 우유도 스스로 닦아보렴."

팝킨에 의해 개발된 적극적 부모역할훈련(APT) 프로그램 비디오에서 나오는 한 장면이다. 비디오에는 이와 반대 장면도 등장한다. 아이가 흘릴 거라 생각한 부모는 아이가 시리얼 그릇을 못 옮기게 한다. 아이가 흘리는 게 걱정이라 떠먹여주고, 옷에 실수하게 될까 봐 계속 기저귀를 채운다면 아이의 식사나 배변은 더욱 오래 걸리게 될 것이다.

아이들은 모든 일이 새롭고 서툴고 힘들다. 그래서 연습이 필요한 것이다. 스스로 경험하고 실패하고 극복할 기회를 주어야 한다. 아이가 처음부터 잘하지 못한다고 실망하거나 비난하지 말아야 한다. 그래도 아이에게 앞으로 더 잘할 수 있을 거라 격려해주고 흘린 것을 스스로 치우게 하면서 책임감을 길러주자. 아이들은 스스로 하는 만큼 성장한다. 완벽하지 않아도 괜찮다고 알려주어야 한다. 실수할 기회를 주고 자기 문제를 스스로 해결하도록 믿고 지켜봐줄 수 있어야 한다. 책임감 있는 아이는 독립적이며 실패를 해도 금방 회복하고 어려움을 극복할 수 있는 탄력 회복성을 가지게 된다.

아이의 책임감 교육은 가정에서부터 시작되어야 해요

아이가 자기 일을 알아서 스스로 하는 습관을 기르는 일만이 책임감을 배우는 이유가 아니다. 아이가 자신의 삶을 스스로 결정하는 힘을 기르는 일임과 동시에 앞으로 세상을 살아가며 무언가를 하며 그 결과에 성공과 실패, 책임과 좌절을 극복하는 힘을 길러주는 것이다. 또 자신의 삶을 스스로 살아가는 힘을 길러주는 것이다. 그렇기에 부모는 자녀에게 꼭 책임감을 길러줄 수 있도록 노력해야 한다. 책임감을 길러주지 못한 부모는 자녀가 30살이 되어도 40살이 되어도 자녀의 가정까지 돌보아야 한다. 요즘에 심심치 않게 볼 수 있다.

친한 교사가 남편이 책임감이 너무 없어서 힘들다고 자주 푸념한다. 그 교사의 남편은 외동아들로 태어났다. 남편의 부모는 하나밖에 없는 아들이 원하는 것은 무엇이든 해주고 싶어 했고 부족함 없이 자라게 해주었다. 성인이 되어서 일은 했지만 자주 직장을 옮겨 다녔고 10원짜리 하나 모으지 못하고 월급 다 쓰고도 부모한테 용돈을 받아서 생활했다고 한다. 그래서 결혼 비용과 집 마련은 시부모님이 해주셨다고 한다.

얼마 지나지 않아 교사는 아이를 가졌고 출산했다. 아이가 태어나면서 그 집은 남편의 외벌이로 생활해야 하게 되었다. 그런데 남편은 월급을 줬다가 안 줬다가 했고 기분에 따라 회사도 쉬었다. 곧 회사를 그만두게 되고 생활비가 부족해 허덕이게 되었다. 그리고 결국 시댁에서 도움을 받아 생활하게 되었다. 그런 도움을 받고도 교사의 남편은 자신의 부모이기에 당연하다고 생각한다.

"나는 아들이 너무 좋아서 아들한테 집안일, 심부름 한 번 안 시키고 귀하게 키웠다."

교사의 시어머니가 교사에게 몇 번이나 이렇게 이야기했다고 한다. 아마도 '내가 이렇게 귀하게 키운 아들이니 너도 내 아들에게 잘해라.' 또는 '내가 어떻게 키운 아들인데… 내 아들을 부려먹지 마라.'라는 뜻인 것 같다고 했다. 어릴 때부터 교사의 남편은 집안일은 당연히 부모의 몫이라 생각했을 것이다. 사랑하기에 모든 걸 다 해줄 것으로 생각했을 것이다. 그렇기에 나이가 들어서도 자신이 부모를 위해 무엇을 해줄 것인지 생각하지 않고 부모가 자신을 위해 무엇이든 다 해결해줄 것이라 기대한다.

나이가 든 부모는 이제는 아들이 자립하길 원한다고 했다. 그러나 슬프게도 교사의 남편은 자립할 수 없을 것이다. 40년을 넘게 그렇게 살고 있으니 이제 변하기는 틀렸다고 장담한다. 지금도 교사의 남편은 웃자고 하는 말이겠지만 이런 말을 자주 한다고 한다.

"나는 재벌 2세가 되고 싶었지만 아빠가 열심히 안 해서 재벌이 되지 못했다. 이제 나의 꿈은 주부다. 돈 많이 벌어와라."

나는 그 남편 이야기를 듣고 큰 깨달음을 얻었다. 결국 부모의 양육 방식이 그를 책임감 없고 의존적이게 만들었다. 집안일도 책임감을 가르치는 데 중요하다. 그래서 나는 어린 아들도 집안일을 시키며 키운다. 가족의 일원으로서 마땅히 가족을 위해 역할을 분담해 집안일을 해야 한다. 우리 집에서는 모두 집안일을 하는 것을 당연하게 받아들인다.

아이의 집안일은 3살쯤에 자신이 가지고 논 장난감을 스스로 정리하기부터 시작하는 것이 좋다. 자라면서 신발장 정리, 빨래 구분, 빨래 세탁기에 넣기, 수저 놓기, 그릇 정리, 빨래 개기 등으로 점차 어려운 일을 시킬 수 있다. 처음부터 어려운 일이나 시간이 많이 걸리는 일을 시키면 아이가 집안일에 대한 자신감을 잃게 된다. 아이가 할 수 있는 일을 정해주고 지속해서 할 수 있도록 해야 한다. 기분에 따라 했다가 안 했다가 하면 안 된다. 쾌적한 가족생활을 위해 가족 모두 집안일을 해야 한다는 것을 알게 해주어야 한다. 내가 이 일을 하지 않으면 가족 모두 불편을 겪는 것을 알게 해야 한다. 아이에게 집안일을 시키면 가족에 대한 배려심과 책임감과 자립심도 함께 길러줄 수 있다.

부모는 아이의 거울이라는 말처럼 부모가 모든 면에서 좋은 본보기가 되어야 한다. 책임감도 마찬가지이다. 아이에게 책임감을 가르쳐주려면 부모가 먼저 모범을 보여야 한다. 그러기 위해서는 아이와 약속한 것을 꼭 지키자. 부모가 약속한 것을 자주 지키지 않는 모습을 본 아이는 약속을 지키지 않는 아이가 된다. 부모가 약속을 지키는 모습을 통해 약속에 대한 책임감을 길러줄 수 있다.

만약 마트에서 아이가 장난감을 사달라고 떼를 써서 그 상황을 모면하기 위해 다음에 꼭 사준다고 약속하고 사주지 않으면 안 된다. 계속 그런 말을 하게 되면 아이가 다음에 사준다고 해도 부모의 말을 신뢰하지 않는다. 바로 사달라고 더 떼를 쓰게 되기도 한다. 사준다고 약속을 했으면 차라리 쿨하게 사주는 게 좋다. 아니면 마트를 가기 전에 대화를 먼저 나누고 가야 한다. 오늘 마트를 가는 목적과 가서 무언가 사달라고 떼를 쓰게 될 경우 함께 마트에 올 수 없다고 단호하게 이야기하자. 만약 안 사기로 합의하고 마트를 가서 떼를 쓴다면 아이에게 이야기하고 마트를 한동안 데리고 다니지 않아야 한다. 약속을 지키지 않아서 마트에 함께 가지 못한다는 것을 단호하게 알려주어야 한다. 그래서 아이가 약속한 것을 지키는 책임감 있는 아이로 자라나게 해야 한다.

나는 아들을 키우며 더욱더 책임감을 느끼고 나은 사람이 되고자 노력한다. 내가 더 나은 사람이 되면 아이 역시 더 나은 사람으로 성장할 것이라 믿는다. 나는 아이를 더욱 현명하게 양육하기 위해 공부하고 책임감 있는 엄마가 되고자 낮에는 어린이집에서 일하고 밤에는 대학원을 다니고 책을 쓴다. 나는 아이가 몸과 마음이 건강한 성인으로 자라는 날까지 쉬지 않고 부모로서 모든 책임을 다할 것이다.

＊ 아이의 책임감을 키우는 육아법

– 스스로 결정할 수 있도록 기회를 주세요.
스스로 결정하지 않으면 아이는 책임감을 느끼지 못한다. 사소한 일이라도 아이가 스스로 결정하고 그 결과를 받아들일 수 있게 한다.

– 약속을 잘 지켜주세요.
부모와 함께한 경험이 아이의 책임감을 형성하는 데 중요한 요인이 된다. 아이와 한 약속을 지키는 모습을 통하여 약속의 중요함과 책임감을 알려줄 수 있다.

3 장

아이를
존중하는
엄마의
생각 습관

1

아이가 하는 모든 행동에는 이유가 있어요

사람은 오로지 가슴으로만 올바로 볼 수 있다.
본질적인 것은 눈에 보이지 않는다.

– 생텍쥐페리

"원장님, 윤서가 또 친구를 물었어요. 어떻게 하면 좋죠?"

"또요? 이번에는 누구를 물었어요?"

"예지를 물었어요. 예지가 계속 윤서가 가지고 있는 장난감을 뺏어가더니 결국 또 물렸네요."

우리나라 나이로 3~4살의 아이들은 말보다는 행동이 앞서는 아이들이 많다. 말이 느린 아이일수록 더욱이 그렇다. 자기가 가지고 노는 장난감을 뺏거나, 가는 길을 막거나 아이가 생각하기에 자신이 원하는 것을 해주지 않거나, 자신에게 피해를 준다고 생각이 들면 말이 잘 안 되는 아이들은 물거나 때리거나 던지는 공격적인 행동을 하게 된다.

물리거나 맞는 아이도 매번 당하기만 하는 듯 보인다. 그래서 엄마들은 물고 때린 아이가 항상 나쁘다고 생각한다. 객관적인 입장에서 보면 윤서도 이해가 된다. 놀 때마다 예지가 따라다니며 장난감을 빼앗는데 말은 잘 안되고 얼마나 답답하겠는가? 가만히 있는데 물고 때리면 윤서의 문제지만 윤서도 나름 참고 참은 다음 분명 물었으리라. 자주 교사가 중재를 하지만 교사가 잠시라도 눈을 떼면 아이들은 본인의 감정에 충실한 행동들을 한다.

예지는 평소에도 친구들이 장난감을 가지고 놀면 자주 빼앗았고 그래서 친구들에게 자주 맞거나 물리는 아이였다. 그래서 교사는 항상 예지의 부모에게 미안해하며 예지를 때리거나 무는 친구들을 나무랐다. 그런데 예지는 항상 선생님이 자신의 편을 들어주니 더욱 빼앗기 시작했다. 빼앗다가 맞거나 물려서 울면 안쓰러운 마음에 때리거나 문 친구에게 양보를 강요하게 되고 이런 행동이 계속 반복돼서 1년이 지났다.

"선생님, 우리 예지가 집에 와서 친구들이 안 놀아준다는 말을 자주 해요."

그랬다. 예지의 반 아이들은 3살 반 때부터 4살 반이 되어 2년째 같은 친구들과 같은 선생님이다 보니 서로 잘 아는 장점이 있다. 아이들은 4살밖에 안 되었지만 예지에 대해 벌써 파악하고 교사가 예지와 문제가 생겼을 때 편을 들어준다고 생각하기에 예지가 가까이 오는 것도 싫어한다. 가까이 오면 또 빼앗을 테고, 울면 선생님이 우는 예지 편을 들어줄 거라는 것이다. 교사가 예지에게 자주 이야기한다. 친구들이 들고 있는 장난감을 빼앗으면 안 된다고. 그러나 예지는 친구 장난감을 뺏는 것을 이제 즐기는 수준이 되었다. 그러다 보니 친구들이 싫어하게 되었다.

예지는 왜 이런 행동을 할까? 엄마와 상담 후 예지의 행동들이 이해가 되었다. 예지 부모님은 사이가 너무 좋았다. 엄마, 아빠 단둘이 보내는 시간을 위해 예지에게 TV를 틀어주거나 장난감을 사주고 같이 놀아주려고 하지 않았다. 부부가 사이좋게 안방에서 드라마나 영화를 같이 보며 시간을 보내거나 저녁에 함께 술을 마시며 둘만의 시간을 즐겼다. 아이가 때론 귀찮게 여겨지기도 했다고 한다. 그래서 아이는 집에서 관심을 받지 못한 것을 어린이집에 와서 친구나 교사에게 관심 끌기를 한 것이다.

예지의 부모님은 아이를 잘 먹이고, 잘 입히고, 장난감을 많이 사주면 잘 클 거라고 생각했다. 너무 안타까웠다. 예지의 부모는 정말 부모의 역할 인식이나 양육에 대해 무지했고 아이에게 무엇이 필요한지를 몰랐다. 아이를 잘 키우고 싶은 마음만 가득했다. 오랜 부모 상담을 통해 좋은 부모가 되기 위해 계속 노력해야 함을 알려주었다. 결국 아이를 잘 키우는 것은 부모와 아이가 함께 성장해야 한다는 것이다. 아이와 함께 행복하게 성장하는 부모가 되어야 한다. 나는 아이를 얼마나 이해하고 아이와 많은 시간을 보내는지 생각해보라. 더 많은 시간을 아이와 함께할 수 있도록 노력하는 부모가 되자.

상담 이후, 예지의 가족은 부부만이 아닌 아이와 함께 시간을 즐기기를 하게 되었다. 예지를 데리고 영화관도 가고, 주말이면 캠핑장에 가서 아이와 놀아주고, 예지가 일찍 잠들고 난 후 부부가 술을 즐기고, 예지 먼저 챙기고 부부생활을 즐기는 방향으로 바꾸고 있었다. 엄마는 아빠가

오기 전에는 예지와 함께 놀이하고 이야기 들어주고 아이와 외출도 잦아졌다. 아빠도 퇴근하면 예지 먼저 찾는다. 오늘을 어떻게 지냈는지 이야기 나누고 함께 샤워도 한다. 이렇게 부모와 시간을 보내는 시간이 많아지자 예지는 어린이집에서도 친구들에게 다가가 장난감을 빼앗지 않고 놀이 방해도 하지 않았다. 블록 놀이를 하는 친구의 무너진 블록들을 주워주며 다시 친구들과 어울리게 되었다.

부모는 좋든 나쁘든 자녀에게 역할모델이 됩니다

"선생님, 오늘 민재가 소꿉놀이를 하면서 아빠 역할을 했어요. 그런데 밥을 먹고 나서 담배를 피우는 시늉을 하더니 담뱃재를 밥그릇에 털더라고요."

"선생님, 오늘 우리 반 창문 깨졌어요. 애들이 역할놀이에 너무 심취했는지 역할놀이에서 부부싸움을 하는데, 민재가 밥을 먹는 시늉을 하다가 밥상을 엎었고, 엄마역인 보살이가 밥상을 엎은 것이 화가 나서 의자를 집어 던져서 유리창이 깨져 버렸네요. 모두 깜짝 놀라 일순간 정적이 흐르는 와중에 민재가 보살이의 머리를 잡아채 끌었어요. 순간 진짜 싸움이 난 것 같아서 무서운 거 있죠. 놀이를 그만 중지하고 정리하는데 둘이 싸운 것은 진짜 역할놀이였던 건지 사이좋게 정리하는 모습이 더 놀랍더라고요."

내가 초임 유치원 교사 시절 7살 반에 특이한 행동을 자주 하는 두 아이가 있었다. 유치원 일과가 마치는 오후가 되면 7살 반 선생님은 매일 그 두 아이를 관찰한 이야기를 들려주었다. 들을 때마다 놀라움의 연속이었다. 7살밖에 안 된 아이가 역할놀이를 할 때마다 범상치 않은 엄마와 아빠의 역할을 한 것이다.

"근데 선생님, 민재 부모님은 뭐 하시는 분이에요?"
"모르셨어요? 민재 부모님, 다방 하시잖아. 그래서 항상 그 다방 앞에서 하원을 하는데, 얼마 전 낮에 부모 상담을 하는데도 민재 엄마는 거의 만취해오셨어요. 와서는 상담 중에 재떨이를 찾더라고요. 대단하죠? 더 황당한 건 민재가 말을 안 듣고 안 좋은 행동들을 많이 한다고 푸념하시더라고요."

부모는 아이의 거울이라는 말이 있다. 부모는 좋든 나쁘든 결국 자녀에게 역할모델이 된다는 것이다. 말이나 행동을 보고 흉내를 낸다. 부모의 사소한 습관까지도 배운다. 그로 인해 자연스레 인성이나 가치관도 형성된다. 부모는 항상 아이의 현명하고 좋은 거울이 될 수 있도록 언행을 돌아보아야 할 것이다. 그리고 먼저 모범을 보여야 한다. 아이를 보고 인사 잘하는 아이가 되라고 이야기하지 말고 먼저 웃으며 인사하는 사람이 되자. 그러면 어느새 아이는 인사를 잘하는 밝은 아이가 되어 있을 것이다.

2

아이의 행동을 관찰해서
원인을 찾으세요

어린이의 미래를 구축하는 것은
어머니의 일이다.

– 나폴레옹

"어제 선생님 말씀대로 이비인후과에 갔는데 지우 부비동에 휴지 같은 무언가가 들어가서 콧물이랑 썩고 있는 거 있죠. 너무 오래되었나 보더라고요. 선생님 아니었으면 큰일 날 뻔했네요."

"지금이라도 빼서 다행이네요. 지우가 그동안 많이 불편했겠어요."

어느 날부터 인가 지우가 코를 킁킁대거나 들이마시는 행동을 자주 했다. 처음에는 '코가 막히나? 감기 기운이 있나?'라고 생각하고 대수롭지

않게 여겼다. 아마 지우 엄마도 그렇게 생각했을 것이다. 그리고 한참이

지나 지우의 얼굴 주변에서 무슨 냄새가 나는 것 같았다. 기분 탓이라 생

각했다. 그리고 시간이 지나도 계속 킁킁대거나 들이마시는 행동을 했

다. 그리고 어린이집에서 놀이하는데 자주 짜증을 내며 콧구멍에 손을

넣었다. 그런데 감기도 아닌 것 같다. 순간 '아이가 무언가 코 속에 넣지

않았을까?'라는 생각을 하게 되었다.

　그날 하원 때 지우의 엄마에게 지우가 집에서는 그런 행동을 하지 않

는지 물어보았다. 그랬더니 지우 엄마도 대수롭지 않게 비염이 있어서

그런 거 같다고 이야기했다. 그런데 비염이라고 생각하기에는 어느 순간

부터 갑작스레 하는 행동이라 이상하다고 이비인후과에 꼭 가볼 것을 권

했다. 그랬더니 콧속에서 아주 오래된 이물질을 발견했다고 했다. 아이

가 갑작스레 어떤 행동을 한다면 주의 깊게 살펴보아야 한다. 특히 의사

표현을 못하는 어린아이일수록 더욱 세심하게 관찰을 해야 한다.

　만약 나이가 조금 더 많은 아이라면, 킁킁대는 소리를 내는 것이 지속

해서 반복된다면 틱일 가능성이 크다. 틱은 특정 행동을 반복하는 것으

로 근육이 움직이고, 소리를 내거나 말을 하게 되는 현상이다. 운동 틱은

흔히 눈을 자주 깜박이거나, 머리 흔들기, 어깨 들썩이기, 입을 씰룩거리기 등이 있으며, 음성 틱으로는 콧소리, 헛기침, 무언가 빠는 소리, 침을 뱉는 소리 등을 매우 다양한 형태로 나타낸다. 얼굴 주위에서 제일 많이 나타나지만, 머리 전체, 몸통, 손발 등에서도 나타난다. 한 번에 한 가지 틱을 보이기도 하지만 복합적인 틱을 보이기도 한다. 생각보다 흔히 발생하는데 만 2세부터 나타난다고 하나 7세 이후 가장 빈번하게 나타나며 빠르면 5세 전후부터 나타난다. 일시적으로 나타났다가 없어지는 경우가 대부분이지만 오랫동안 틱 증상이 없어지지 않고 계속된다면 적절히 치료해주어야 한다.

틱 증상의 치료는 효과가 좋은 편이며 대부분 사춘기 이전에 좋아지고 그 이후까지 이어지는 경우는 드물다. 그러나 1년 이상일 경우 장애로 판단한다. 틱의 원인은 아직 정확히 밝혀지지 않았다. 스트레스가 주요 원인이라고 알려졌지만, 뇌의 이상이나 호르몬의 영향으로 나타난다는 학설도 있다. 감수성이 예민한 아이들에게 많이 나타나고 부모가 심리적인 부담을 주었을 때 그 스트레스를 해소하기 위해 틱 행동을 보이는 아이들도 있다.

만약 아이가 갑자기 틱 행동을 한다면 어떻게 해야 할까? 무심한 듯 더욱 관심을 가져야 한다. 틱 증상은 관심을 가지고 못 하게 하면 할수록 더 심해진다. 오히려 아이의 틱 증상에 대해 아무런 관심을 보이지 않으면 어느 날 갑자기 틱 증상이 없어진다. 아이를 믿고 기다려주는 지혜가 필요하다. 그리고 아이가 다니는 어린이집이나 유치원, 학교, 학원에 연락하여 선생님께 이해와 협조를 구해야 한다. 친구들이 놀리거나 따돌리면 사회성에 문제가 생기는 경우가 많으므로 교실 내에서 긍정적인 환경을 제공해주고 자신감을 잃지 않기 위해서는 선생님과 친구들의 배려가 중요하다.

또 아이의 스트레스 해소를 위한다는 명목으로 갑작스레 특별한 여행을 하거나 무언가의 행동을 하는 것보다는 일상적인 리듬을 잘 지켜 생활하는 것이 좋다. 무언가에 대한 기대와 흥분 역시 틱을 더 심하게 만들 수도 있다. 아이가 가지고 있는 영양, 심리, 신경 상태에 관심을 가지고 아이의 정서를 불안하게 만드는 요소가 있는지 관찰해야 한다. 그리고 그것을 찾아 제거하여 심신의 안정을 찾을 수 있도록 하며, 안아주고 진심으로 사랑해주는 일부터 시작해야 한다.

아이가 아이답게 자라게 하는 것은 어른의 몫이에요

"선생님, 효원이를 보면 어른스럽고 무엇이든 나이에 비해 잘하고, 위에 초등학생인 오빠보다도 더 의젓한 것 같아요. 그런데 자주 손톱을 물어뜯는 버릇이 있어요. 왜 그런지 모르겠어요."

7살 된 효원이의 엄마가 부모 상담 때 오셔서 한 이야기이다. 보통 손톱을 물어뜯는 것은 불안하고 긴장되는 마음 때문에 생기는 행동이다. 효원이가 어른스럽고 의젓하다고 하는데 몇 달 관찰한 나도 그렇게 보였다. 아마 이것이 문제일 것이다.

나이보다 너무 아이같이 굴거나 반대로 어른스럽게 구는 것은 모두 자연스럽지 않다. 그러나 부모나 교사로서는 어른스러운 아이를 상대하기는 편하고 감사한 일이다. 그렇기에 아이에게 나이답지 않게 행동할 때마다 효원이를 칭찬하고 어른의 기대 수준을 높게 가져 늘 나이보다 어려운 일을 계속하기 바란다. 또 조숙한 행동을 했을 때만 인정해주어 아이는 자연히 또래보다 조숙한 아이로 자라게 된다. 아마 초등학생의 효원이 오빠는 나이보다 어린 행동을 하여 부모에게 늘 지적받는 것을 보고 자기는 오빠보다 더 잘하고 싶은 마음이 들었을 것이다. 그래서 부모의 인정을 더 많이 받으려는 마음에 의젓하고 어른스러운 행동을 하게 되었을 것이다. 나이보다 어려운 일을 하자니 긴장이 되고 힘들고 인정 못 받을까 봐 불안도 따라다니게 된다. 그러다 보니 불안감과 긴장감으로 손톱을 물어뜯는 행동으로 나타난 것이다.

나는 순간 효원이에게 미안해졌다. 효원이가 어른스럽게 행동해주며 나를 조금이라도 편하게 만들어주니 효원이의 어른스러운 행동만을 칭찬했다. 이제 교사인 나부터 효원이가 나이답게 행동할 수 있도록 도와야겠다는 생각을 했다. 그리고 효원이 엄마에게 나 역시 효원이에게 어른스러움을 강요한 것 같아 죄송하다고 사과했다. 그리고 효원이 엄마에게 효원이가 7살답게 자랄 수 있도록 함께 노력하자고 했다.

"아니야. 효원아, 그건 선생님 일이야. 선생님이 할게요."

이후 나는 교실에서 놀이하다가도 내 눈치를 살피며 내 일을 돕고자 자주 내 주위를 맴도는 효원이에게 선을 그었다. 아이는 아이처럼 행동할 수 있도록 말이다. 그리고 효원이가 어른스럽게 행동하거나 나를 도울 때도 더 이상 칭찬하지 않았다. 그랬더니 내 주변에 자주 맴돌던 효원이가 친구들과 놀이를 하게 되고 점점 시간이 흘러 나의 일에 관심을 갖지 않고 아이답게 놀이를 했다. 이후 효원이가 유치원에서 손톱을 물어뜯는 횟수가 줄었다.

　

나에게도 어른스러운 아이가 있다. 이 글을 쓰는 중에 우리 집 어른스러운 아이가 학교에서 독감이 옮아왔다. 열이 내리지 않아 입원치료를 마치고 나니 이젠 내가 독감이란다. 처음 걸려본 독감, 너무 몸이 아프고 힘들었다. 그런데도 아프다는 말 한마디 안 하고 대견스럽게 견뎌준 아들을 보며 "그냥 별로 안 아픈가 보다."라고 이야기했다. 나는 나름 표현력이 좋은 사람인가 보다. 아프면 아프다, 슬프면 슬프다, 화나면 화난다 등의 이야기를 잘 하나 보다.

나는 목이 아파서 계속 침을 못 삼키겠다, 목이 너무 아프다는 말을 했다. 그런데 내가 별 뜻 없이 한 이야기가 어른스러운 민준이를 미안하게 만들고 또 나를 미안하게 만들었다. 자신이 아플 때는 울지도 않던 민준이가 울면서 "엄마, 아파서 어떡해요? 죄송해요. 제가 학교에서 독감에 걸려와서 엄마를 아프게 했어요."라고 이야기했다. 몸이 아파 더욱 감성이 예민해진 나도 따라 울었다.

"민준아, 민준이가 미안해하지 않아도 돼. 엄마가 아픈 건 민준이 탓이 아니야."

우리는 아이를 관찰해서 아이의 성향도 잘 파악해야 한다. 아니면 나처럼 아이에게 사소한 것으로도 상처를 주게 된다. 무심코 하는 말, 행동, 나의 편의로 인한 칭찬 등으로 아이는 상처를 받는다. 나는 어른스러운 아이를 기르는 재주가 있나 보다. 민준이의 오른쪽 검지 손톱을 몇 년 동안 한 번도 깎아주지 않았다. 직접 보진 못했지만 내가 보지 않는 곳에서 손톱을 물어뜯는 것 같다. 손톱을 깎아줄 때 가끔 "민준아, 혹시 손톱을 이로 물었니?"라고 질문을 던진다. 그러면 민준이는 "기억이 안 나요."라고 일관된 답을 했다. 지금은 다행스럽게도 민준이가 손톱을 물어뜯는 것을 멈추었다. 그래서 손톱을 깎고 있다.

우리는 사실 내 아이의 행동들을 무심코 넘기며 '크면 괜찮겠지, 조금 있으면 낫겠지.'라는 안일한 생각을 한다. 아이의 지금은 다시 돌아오지 않는다. 그리고 이 시기는 아이의 성격 형성에 큰 영향을 준다. 아이의 몸과 마음이 건강하게 잘 자랄 수 있도록 어른인 우리가 아이들을 더욱 세심하게 살피고 관찰해서 아이가 아이답게 자랄 수 있도록 해야 한다.

---

* 어른스러운 아이가 문제인가요?

지나치게 어른스러운 아이는 능력 밖의 책임감으로 인해 심리적으로 압박감을 느끼게 되며, 아이가 달성해야 할 다른 측면의 발달과업을 제대로 수행하지 못할 수 있다. 아이 자신의 욕구를 무시한 채 타인의 욕구에 강박적인 배려심을 가지게 되면 장기적으로 아이는 심각한 정신건강 문제를 일으킬 수도, 청소년기에 정체성 혼란을 겪을 수도 있다. 또 대인관계에서 소외감을 겪기도 한다. 아이가 자신을 찾아갈 수 있도록 아이의 생각과 느낌을 말할 수 있도록 도와주어야 한다. 아이가 아이답게 자랄 수 있도록 어른의 배려가 필요하다.

<u>3</u>

하고 싶은 말을 하기보다
아이의 말을 들어주세요

사랑의 첫 번째 임무는
상대방의 말을 잘 들어주는 것이다.

– 폴 틸리히

미래사회 인재에게 요구되는 역량으로 세계경제포럼(2015), 국제미래

학회(2017), 한국교육학술정보원(2017)에서 소통, 창의성, 비판적 사고,

협력, 인성 등을 강조하였다. 여러 역량 중 사람과의 관계를 넓히는 힘을

가진 소통능력을 키우기 위해서는 말하기뿐 아니라 듣기, 공감하기가 모

두 잘되어야 한다. 소통은 자신이 말하고자 하는 바를 일방적으로 전달

하는 것이 아니라 서로 말을 주고받는 일이다. 이야기하는 도중에 끼어

들고, 머릿속에 떠오르는 대로 내뱉고, 다른 사람의 말을 끝까지 듣지 않

고 제 말만 하는 아이들이 점점 많아지고 있다. 그렇게 그 아이들은 성인이 된다. 왜 소통능력이 떨어지는 아이들이 많아질까? 곰곰이 생각해보면 이유는 우리의 모습에서 쉽게 발견할 수 있다.

"엄마, 오늘 어린이집에서 친구와 했어요."

"응? 뭘 했는데?"

"친구와 그… 넘어져서 울었어요"

"응? 무슨 말이니? 뭘 했는데 누가 넘어졌어?"

"그게 그러니까…."

"도대체 무슨 말을 하고 싶은 거니? 할 말 있으면 빨리 말해. 엄마 바빠."

이쯤 듣다 보면 답답해 숨넘어간다. 그래서 부모는 자신도 모르게 자주 아이의 말을 끊고, '무슨 말인지 모르겠다, 답답하다, 빨리 말해라, 무슨 말을 하고 싶니?, 됐다, 알았다' 등을 말이나 표정으로 표현해서 더 이상 아이가 말을 잇지 못하게 한다. 빨리빨리 급하게 아이를 다그치고 아이의 말을 끝까지 들어주지 않는 행동을 우리가 먼저 한 것이다. 아이는 그것을 배웠을 뿐이다.

아이들에 따라 어휘가 부족하고 문법이 완전하지 않으며 표현력이 부족해 무엇을 말하려는지 알 수 없을 때가 있다. 나이가 어릴수록 더욱 그러하다. 어린아이가 하는 말을 계속 못 알아듣고, 이야기 도중 끊고 질문이나 핀잔을 주면 아이는 스스로 언어능력에 의심하고 자신감이 떨어지게 된다. 그러면 점점 더 말을 하지 않게 되어 더욱 언어발달이 늦어지게 된다. 엄마가 아이의 말을 잘 들어주면, 아이는 자신감을 가지고 말을 하게 된다.

"엄마, 오늘 어린이집에서 친구와 했어요."

"응? 뭘 했는데?"

"친구와 그… 넘어져서 울었어요"

"어머, 저런 넘어져서 많이 아팠겠구나."

"네. 그래서 선생님이 안아주었어요. 친구도 나에게 와서 미안하다고 했어요."

"그랬구나, 어디 아픈 곳은 없니?"

"네. 괜찮아요. 그런데 오늘은 그림도 그렸어요."

엄마가 하고 싶은 말보다는 아이의 이야기를 들어주는 엄마가 돼라. 아이가 어떤 이야기를 하는지 끝까지 듣다 보면 대충 어떤 내용인지 알 수도 있다. 또 아이가 하고 싶은 말 전부를 이해하지 못해도 상관없다. 내가 운영하는 어린이집은 3~4살을 주로 상대한다. 그러다 보니 선생님 들의 아이 언어 이해 수준은 타의 추종을 불허한다. 계속 아이들의 이야 기를 들어주다 보면 자연스레 귀가 열리게 되어 있다. 그러나 부모들은 아이의 발음이 심하게 부정확하거나 알 수 없는 말들을 하면 듣지 않는 다. 아이를 성인의 기준에 맞추어 정확한 언어를 구사하길 요구한다.

"엄마, ㅈㄷㄴㅇㅅㄷ."

"응? 뭐라고?"

"'엄마, 잘 다녀왔습니다.'라고 인사하네요."

"헐~ 선생님은 효민이 말을 알아들으신 거예요?"

"어린아이들과 오랫동안 지내다 보니 어느 정도 잘 알아듣는 편이에 요. 그리고 매일 하원시킬 때 '잘 다녀왔습니다.'라고 인사하라고 가르치고 있어서요."

"그래도 발음이 도저히 한국말이 아닌데…."

교사와 부모의 이야기를 듣고 있다가 내가 불쑥 끼어들어 농담했다.

"어머니, 원래 아이들은 말은 영어권에 갔다가 동남아 순회하고 중국 갔다가 한국 오니까 걱정 안 하셔도 됩니다. 우리 효민이 인사도 잘하네. 그렇죠. 어머님?"

그제야 아이와 인사를 다시 하고 헤어졌다. 몇 시간 후 효민이의 엄마가 전화가 왔다.

"원장님, 아까 차량 때 뵈었는데, 길게 말하기 그래서 다시 전화 드렸어요. 효민이는 말을 하는데 못 알아들어서 답답하고 어떻게 해야 할지 모르겠어요. 주변에 3살부터 언어센터를 다니는 아이들도 많던데 우리 효민이도 언어센터 가야 할까요?"

"아까 차에서 한 농담처럼 어느 시기가 되면 발음을 잘하게 될 거예요.

걱정하지 마세요. 만약 효민이가 걱정되어 효민이의 언어능력을 높여주고 싶으시다면 효민이가 이야기할 때 끊지 말고 끝까지 들어주세요. 그리고 계속 반복해서 무슨 말이냐고 묻지 마세요. 그냥 '아 그랬어? 그랬구나.' 하고 적당하게 답변하고 알아듣는 척해주세요. 다 못 알아들어도 어느 정도 알아들으실 순 있잖아요. 그렇게 하다 보면 효민이에게도 변화가 생길 거예요. 어머니가 당장 원하지 않는 방향일 수도 있는데, 분명 효민이에게 도움이 될 거예요."

얼마 후, 효민이는 하원 차량을 내리면 엄마한테 할 말이 아주 많은 듯이 보자마자 무언가 말하기 시작했다. 어린이집에 있었던 일, 선생님이 한 말, 친구가 한 말, 산책에서 보았던 것 등의 의식의 흐름대로 그냥 막 이것저것 엄마에게 이야기한다. 엄마는 그런 효민이를 데려가며 효민이의 손을 꼭 잡고 이야기를 열심히 들어주는 척했다. 그리고 끄덕끄덕, '그래, 너의 말을 알아듣고 있어. 그래, 흥미롭구나.'라는 긍정의 표정과 눈빛을 보냈다. 처음에는 그냥 내가 시키는 대로 시늉만 했다고 했다. 때론 끝도 없이 이야기하는 효민이의 말을 듣고 있자니 짜증스럽기도 했다고 했다. 그런데 인내해야 한다는 말이 생각 나서 참다 보니 어느새 몇 달이 지나 효민이의 말을 이해할 수 있게 되었고, 또 얼마 지나지 않아 효민이의 말이 무언가 정리된 느낌을 받게 되었다고 한다.

우리는 어쩌면 가장 쉬운 것을 하지 못하고 아이의 기를 죽인다. 말을 하기 싫게 만들고, 자신감 없게 만든다. 아이가 바뀌길 원하면 부모부터 바뀌어야 한다. 아이가 자신감을 가지고 이야기할 수 있는 환경부터 제공해라. 아이의 말을 끝까지 잘 들어주면 아이가 이야기하는 데 적극적인 모습을 보인다. 부모가 자신의 이야기에 흥미를 느끼고 있다는 것을 느끼면 기분이 좋아서 계속 말을 하게 된다. 계속 말을 하다 보면 아이는 자신의 이야기를 정리해서 말하게 된다. 그런 경험이 상대방에게 알아듣기 쉽게 말하고, 순서를 세워 논리적으로 말하게 된다.

부모가 아이의 말을 잘 들어주면 말만 잘하게 되는 게 아니다. 요즘 자존감에 대한 관심이 매우 높다. 자존감을 어떻게 올릴지 고민하지 않아도 아이의 말을 잘 들어주면 아이의 자존감도 올라갈 수 있다. 또 부모와 많은 이야기와 감정을 공유하면서 더욱 친밀한 관계를 맺게 된다.

＊ 부모가 아이 말을 경청해야 하는 이유

1. 경청은 아이의 언어발달과 소통능력에 긍정적 효과를 준다.

2. 경청은 아이가 부모에게 관심과 사랑을 받고 있다는 것을 느끼게 해준다.

3. 경청은 아이와 친밀한 관계를 맺게 해준다.

4. 경청은 아이의 자존감을 높여준다.

5. 경청은 아이의 공감 능력을 높여준다.

4

아이의 입장에서
공감하고 이해하세요

교육의 비결은
학생들을 존중하는 데 있다.
– 에머슨

　많은 부모는 아이를 상대하다 보면 쉽게 화를 내게 된다. 그리고 아이에게 끌려다니는 부모가 되거나 화가 가득한 부모가 되어간다. 화를 내지 않고 아이를 키우기 위해서는 제일 먼저 아이를 이해해야 한다. 아이를 이해하기 위해서는 아동의 발달과 심리에 대해 알아야 한다. 그러나 이것을 안다 해도 아이를 다 이해하지는 못한다. 나는 어린이집 학부모나 부모교육 강의를 가서 자주 이런 질문을 한다.

"어머니, 내 아이를 잘 키우기 위해 어떤 노력을 하시나요?"

정말 많이 물어보았는데 거의 아무 대답이 없다.

"육아서를 보거나 정기적으로 부모교육을 다니는 것 중 아무것도 안 하시나요?"

그러면 보통은 고개를 젓는다. 아이를 키우다가 궁금한 것이 생기거나 문제가 생기면 그제야 주변인들에게 묻고 인터넷을 검색한다. 주변인에게 물어도 특별한 대답을 듣지 못한다. 왜냐하면 물어본 부모처럼 대답을 해주는 부모도 아이에 대해 직접 육아한 것 외에는 공부를 하지 않았기 때문이다. 그러므로 한두 아이를 키우고 다른 아이에 대해 코치해주기에는 무리가 있다. 발달 특성상 비슷할 수는 있지만 아이들의 기질이나 문제 사항은 너무도 다양하기 때문이다. 또 인터넷에는 너무도 많은 육아 지식이 있다. 그래서 더욱 나와 내 아이에게 맞는 육아 정보를 찾기가 어려워졌다. 육아 지식이 이렇게 넘쳐나는데도 육아는 날이 갈수록 어려움이 더해져간다.

아이에 대해 공부하고 이해력을 높여 공감하세요

보통은 새로운 물건을 사면 사용 전 설명서를 읽어보고 그 물건을 더 잘 사용할 수 있도록 노력한다. 그런데 아이를 처음 키우면서 아무것도 알아보지 않고 아이를 양육하는 부모가 대다수이다. 부모는 아이에 대해 공부하지 않는데 부모는 아이가 공부하길 바란다. 옆집 공부 잘하는 영희의 엄마가 어느 어린이집, 유치원, 학원을 보내는지 궁금하지만 자기 아이의 발달이나 심리 상태에 대해 궁금하지 않다. 육아에 대한 정보가 부족한 엄마일수록 중심을 잡지 못하고 앞집 언니 말에 따랐다가 옆집 언니 말에 따랐다가 이리저리 휩쓸린다. 휩쓸리다 보니 이제 내 아이와 옆집 아이를 비교하게 되고 부모의 욕심으로 자꾸 아이에게 화를 내게 된다. 아이에 대해 정확하게 이해하고 있다면 화가 날 일이 없어진다. 아이가 더 이상 문제 행동을 하지 않을 것이다.

'내 아이가 왜 이러는지 도저히 모르겠다.'라는 생각이 든다면 지금은 공부할 때이다. 지금 돌아보면 나 역시 미성숙했던 것 같다. 유아교육과를 나와서 아이의 발달에 대해 공부하고 교사 경험도 했지만 아이에 대해 몰랐다. 왜냐하면 나는 항상 아이를 어른의 기준으로 바라보았기 때문이다. 그러나 아들을 키우면서 많은 궁금증과 문제에 부딪혀가며 내 아이를 잘 키우기 위해 다시 공부하고 있다. 엄마가 되고 나서 처음에는 가끔 아이처럼 굴기도 했다. 그러나 지금은 아이를 키우면서 아이를 이해하는 공부를 하며 함께 성장하고 있다.

"태영아, 왜 친구를 때렸니?"

"정리시간인데 친구가 정리를 안 해요."

"태영이가 선생님을 돕고 싶었구나. 그렇지만 친구를 때리면 안 된단다. 다음 정리시간에 혹시 친구가 정리하지 않으면, 태영이가 친구에게 이야기해줄래?"

"'친구야 정리시간이야. 정리해야 해'라고 이야기하면 되나요?"

"그래, 우리 태영이 잘 알고 있구나! 다음부터는 때리지 말고 꼭 이야기해주세요."

"네."

태영이는 자주 친구를 때린다. 그 이유는 아주 다양하다. 그중 가장 많은 이유를 차지하는 것은 선생님을 돕고 싶은 마음에 반 친구들이 선생님 말씀을 듣지 않는 것이다. 만약 태영이의 마음을 이해하지 못하는 교사라면 태영이를 나무랐을 것이다. 매일 친구를 때리니 말이다. 그렇지만 태영이의 선생님은 태영이가 왜 친구를 때리는지 태영이가 자신을 돕고자 하는 마음을 이해한다. 그렇지만 항상 말보다 주먹이 먼저 나가는 태영이를 보고 있으면 걱정스럽기는 하지만 태영이가 조금 더 크고 시간이 지나면 달라질 것이라는 믿음을 가지고 거의 매일 친구를 때리는 태영이에게 화를 내지 않았다. 태영이 마음을 이해하고 변할 수 있도록 노력했다.

"태영아, 선생님이 장난감을 던지지 말라고 했는데 친구가 던져서 속상했구나! 그렇지만 선생님은 친구가 장난감을 던진 것보다 선생님이 제일 사랑하는 태영이가 친구를 매일 때리는 것이 더 속상하단다. 선생님은 태영이가 선생님을 도와주려는 마음은 고맙지만, 친구를 때리지 않았으면 좋겠어. 선생님이 너무너무 속상해."

선생님이 자신이 친구를 때려 속상하다는 말을 듣고 이제는 때리지 않고 울기 시작했다. 속상함의 또 다른 표현이었다. 일반적인 어른의 시선으로는 태영이는 교사를 화나게 만드는 아이일 수 있다.

교사는 한 아이만 바라보고 있을 수 없다. 교사 한 명이 돌보아야 할 아이들이 많으므로 태영이의 행동은 교사를 힘들게 하는 행위일 수 있다. 친구를 때리면 맞은 아이를 달래야 하고, 때린 아이의 마음도 달래야 한다. 또 태영이가 때렸지만 잘 돌보지 못했기에 맞은 아이 부모에게 사과도 해야 한다. 이후 울음으로 속상함을 표현하게 된 태영이는 잘 그치지 않아 어떤 활동을 준비하다가도 태영이의 마음을 달래기 위해 진땀을 흘렸다. 1년의 반복된 상황을 지켜본 나는 '태영이의 담임선생님은 과연 사람일까? 천사일까?'라는 생각을 자주 하게 되었다. 한 번쯤은 "그만해!"라고 화낼 만도 한데 말이다.

선생님 믿음에 보답이라도 한 듯, 시간이 흘러 태영이는 친구들을 때리지 않게 되었다. 그리고 태영이는 다른 사람을 마음을 잘 공감하고 감성이 풍부한 아이로 자라나고 있다. 아마 태영이가 친구를 자주 때리고 울 때, 태영이를 이해하지 못하는 교사를 만나 태영이에게 자주 화를 내고 야단을 쳤다면 태영이는 지금 다른 사람의 마음에 공감하지 못한 아이로, 자존감은 바닥을 치고 위축되고 소심한 아이가 되었을 것이다.

　아이를 공감하고 이해하는 능력은 교사에게만 필요한 덕목이 아니다. 바로 아이의 주 양육자인 부모에게 더 필요한 능력이다. 아이를 키우다 보면 가끔은 아이의 말과 행동이 도저히 이해할 수 없을 때가 있다. 우리는 보통 공감하지 못하면 화를 내며 소리친다. 아이를 비난하고 상처를 주게 된다. 또 아이의 말을 끝까지 들어주지 않고 나의 주장만 하게 된다.

　우리가 왜 공감을 못 하게 되었는지 잘 생각해보면, 우리도 사실 공감받지 못하며 자란 경우가 대부분이다. 권위적인 어른으로부터 성장했기에 공감하는 대화를 생활화하지 못하고, 권위적이고 감정적인 대화를 하게 되는 것이다. 나도 그랬다. 그러나 사랑하는 내 아이를 위해 스스로 변화시키고자 노력한다면 충분히 좋아질 수 있다. 성격 급하고 화를 잘 내던 나도 아들을 위해 변화를 결심하고 노력해서 변했고, 더 변하고자 노력하고 있다.

　나는 부모교육 때 이런 질문을 받은 적이 있다.

"아이를 도저히 이해할 수 없을 때 어떻게 해야 하나요?"

"정말 도저히 이해할 수 없다면 이해하지 말고 하는 척이라도 해보세요. 그리고 아이의 말을 끝까지 경청하세요. 아이의 말을 끝까지 듣다 보면, 화가 나거나 이해하지 못할 감정도 누그러들고 생각할 시간도 생깁니다. 아이의 말을 들어주면서 생각해서 말하다 보니 상처 주는 말을 하지 않게 되고 이해하는 말을 하게 됩니다. 말이 변하면 행동도 변하게 되는데 이렇게 하나하나 노력하면 아이를 진심으로 이해하고 공감하는 날이 올 것입니다."

5

엄마가 아니라
아이 중심으로 생각하세요

사랑이 있는 곳에서
부족함이 없다.

─ R. 브롬

아이 중심으로 생각하고, 말하기 위해서는 제일 먼저 아이의 생각을

알아야 한다. 아이의 생각을 알기 위해서는 인지발달에 대한 약간의 공

부가 필요하다. 그렇다면 인지발달이 무엇일까? 네이버 국어사전에는

'유아가 사고 · 학습 · 추리 · 요약하는 능력이 진보 · 성장하여, 지식을

얻는 지적인 사람으로 변화되어가는 발달 과정'이라고 되어 있다. 쉽게

말해 무언가(지식)를 어떻게 생각하고 이해하고, 받아들이는가이다.

유아교육을 배우지 않은 사람들도 스위스 심리학자인 피아제(J. Piaget)를 들어보았을 것이다. 그는 유아의 지식습득 발달과 그 지식을 어떻게 활용하는지에 대해 아주 큰 영향을 주고 인지발달 과정에 체계적이고 종합적인 이론을 정립한 학자이다. 그는 아이들이 엉뚱한 말로 주변 현상을 설명하는 것을 보고 아이들의 물리적 세계에 관한 철학적 관점에 관심을 가지기 시작하였다. 세 자녀를 키우면서 아이들이 주변의 사물을 인식하고, 주위 사람들을 대하는 태도와 행동을 자세하게 관찰하고 기록하여 지능이 어디에서 비롯되는가를 체계적으로 연구하여 이론을 확립하였으며, 전통적으로 철학의 분야였던 인식론을 과학적인 과정으로 규명했다. 그는 인간의 인지발달을 4단계로 나누었는데, 그중 만 2~7세의 아이들은 두 번째 단계에 해당하며 전조작기라 부른다. 조작이란 어떤 논리적인 사고를 통해 조작하는 행위를 의미한다. 즉, 전조작기란 조작이 가능하지 않은 이전의 단계라는 의미이다.

만 2~7세, 전조작기 아이들의 사고의 특징을 알아볼까요?

– 상징적 사고 : 상징은 어떤 다른 것을 나타내는 징표를 말한다. 예를

들어 국기는 국가를 상징하고 악수는 우정을 상징한다. 언어는 가장 보편적인 상징이다. '개'라는 단어는 털이 있고 네 개의 다리와 꼬리를 가진 사람에게 친근한 동물을 상징한다. 상징의 사용은 유아가 '지금 여기'의 한계에서 벗어나 정신적으로 과거와 미래를 넘나들며 과거에 체험한 것을 마음속에서 재생해서 그것을 상징적인 형태로 재현하려고 한다. 예를 들어 아이가 인형을 재우려고 노력하는 행동이다. 아이는 이것이 천으로 만든 인형인 것은 알지만 인형을 어린아이의 상징으로 다루는 것이다.

– 자기중심적 사고 : 자기중심적 사고는 다른 사람의 관점을 고려하지 못하는 데서 기인한다. 이는 이기적이나 일부러 다른 사람의 입장을 배려하지 않는 것이 아니라, 단지 다른 사람의 관점을 이해하지 못하는 것을 의미한다. 아이들은 자신이 좋아하는 것을 다른 사람도 좋아하고, 자신이 느끼는 것을 다른 사람도 느끼며, 자신이 알고 있는 것을 다른 사람도 알고 있다고 생각한다. 그래서 엄마의 생일 선물로 자신이 좋아하는 인형을 고르거나 숨바꼭질 놀이를 할 때 자신이 술래를 볼 수 없으면 술래도 자신을 볼 수 없다고 생각하여 몸은 드러내놓고 얼굴만 가리고 숨었다고 생각한다. 의사소통에서도 상대방이 자신의 말을 이해하는지의

여부를 고려하지 않은 채, 자기 생각만 전달한다.

- 인공론적 사고 : 물활론적 사고와 관련이 있는 현상이 인공론적 사고이다. 어떤 의미에서 물활론과 인공론은 자기 중심성의 특별한 형태이다. 아이들은 세상의 모든 사물이나 자연현상이 사람의 필요로 만들어진 것이라 믿는다. 사람들이 집을 짓듯이 해와 달도 우리를 비추게 하려고 사람들이 하늘에 만들어두었다고 믿는다.

- 실재론적 사고 : 아이들은 자기가 보고, 듣고, 느끼고, 생각하고, 상상하는 것은 모두 외부에 실재한다고 생각한다. 말하자면 심리 현상과 물리 현상을 혼동하는 것이다. 그래서 아이들은 산타할아버지가 실제로 존재한다고 믿으며, 크리스마스가 다가오면 선물을 받기 위해 캐럴의 가사처럼 울지 않고, 나름 착한 아이가 되려고 노력한다.

- 도덕적 실재론 : 아이들은 누군가 잘못했을 때 동기에 의해 잘잘못을 판단하는 것이 아니라 행위에 대한 결과 여부에 따라 잘못한 정도를 판단한다. 바로 현재 나타나 있는 현상을 중심으로 판단한다.

– 직관적 사고 : 어떤 사물을 볼 때 그 사물의 두드러진 속성을 바탕으로 사고하는 것을 말한다. 즉, 직관 때문에 사물을 파악하는 것이다. 판단이 직관에 의존하기 때문에 전체와 부분의 관계를 정확하게 파악할 수 없으며, 문제에 대한 이해나 처리 방식이 그때그때의 직관에 의해 좌우된다.

– 꿈의 실재론 : 자신이 꾼 꿈의 내용이 실제로 일어났을 뿐만 아니라 실재하고 있다고 생각한다. 그러므로 자신의 꿈속에 등장한 사람들은 깨어난 후에도 그 꿈의 내용을 알고 있을 것이라고 생각한다.

– 물활론적 사고 : 아이들이 생물과 무생물을 구별하는 방식은 성인의 경우와 다르다. 생명이 없는 대상에게 생명과 감정을 부여한다. 예를 들어 가위로 종이를 자르면 종이가 아플 것으로 생각하고, 탁자에 부딪혀 넘어지면 탁자가 일부러 자기를 넘어뜨렸다고 믿는다. 그래서 어른들이 어딘가에 부딪혀 넘어진 아이에게 "누가 그랬어?"라고 물으면 아이는 손가락으로 탁자를 가리킨다. 이때 어른들은 "왜 우리 아이를 넘어지게 했어? 때찌!"라고 말하며 탁자를 때린다. 이것이 아이 중심으로 생각하고

말하고 표현하는 것의 일종인 것이다.

아이에 대해 잘 알아야 아이 중심적으로 생각하고 말할 수 있어요

"원장님, 우리 지호가 요즘 들어 자주 거짓말을 해요."

"어떤 거짓말을 하나요?"

"돌도 안 된 동생 지우가 자기를 때려서 화가 나서 물었다고 하고, 점심밥을 먹었는데도 할머니네 가서 엄마가 점심밥을 주지 않아 배가 고프다고 이야기하고, 엄마가 동생 지우에게 장난감을 10개를 사주었는데 자신에겐 한 개도 사주지 않았다고 이야기하더라고요. 그런 적이 없는데도 말이에요."

지호는 돌도 안 된 동생이 누워서 손발을 허우적대는 것을 옆에서 지켜보다가 우연히 부딪혔을 것이다. 평소에도 어린 동생을 돌보는 엄마를 동생이 빼앗아갔다고 생각한 지호는 더욱이 화가 나서 동생 팔을 힘껏 물었을 것이다. 동생을 문 것에 화가 난 엄마는 지호에게 동생을 왜 물었냐고 다그쳤을 테고, 지호는 자기중심적으로 생각해서 대답했을 것이다.

또 배가 고팠기에 밥을 안 먹어서 배가 고프다고 생각한 것이고, 자신을 하나도 사주지 않은 장난감을 동생에게 여러 개 사주었을 경우, 아이의 수 개념에서 10이란 수가 크기에 10개라고 표현한 것일 수 있다. 또 실제로 동생에게 장난감을 사주지 않았다면, 꿈에서 본 것일 수도 있다.

　지호는 동생이 태어나서 자신이 인정받지 못하고 엄마의 사랑을 빼앗겼다고 생각하고 무의식적으로 엄마의 정을 받으려고 이런 이야기를 하는 것일 것이다. 만약 지호의 엄마가 이 시기의 아이들의 사고 특성을 알았더라면, 지호를 거짓말하는 아이로 오해하지 않고 더욱 따뜻하게 대했을 것이다. 아이에 대해 너무나 모르기 때문에 아이를 비난하고 화를 내게 된다. 이제 전조작기 사고의 특징을 통해 이 시기 아이들이 어떤 생각을 하는지 알게 되었으니, 아이 중심으로 생각하고 말할 수 있을 것이다.

6

아이는 하나의 인격체로
존중받아야 합니다

훌륭한 예절과 부드러운 언사는
많은 어려운 일을 해결해주는 힘이 되어준다.

- J. 벤부르 경, 「이솝 제1부」

예로부터 우리나라는 예의에 밝은 민족의 나라라는 뜻에서 동방예의

지국이라 칭했다. 그러나 실상은 윗사람이나 낯선 사람에게는 존중의 의

미로 존댓말을 사용하고, 나이가 어린 사람에게는 말을 낮춘다. 나이가

어리다는 단 하나의 이유로 존중받지 못한다. 또 가깝거나 나이가 많다

는 이유로 상대방에 배려와 존중 없이 함부로 간섭한다. 사적인 질문 자

체가 무례함인지 모른다.

요즘은 명절이 괴롭다는 젊은이들이 늘고 있다. 가족이, 부모가 불편하고 부담스럽다. 나 역시 그렇다. 가까이 부모님이 계셔서 도움을 받고 좋지만, 어쩌면 남만큼 불편할 때도 있다. 부모님의 편의에 따라서 성인이 되었다가 또 무언가 선택이 필요할 때는 아이가 되어 나의 선택을 무시하고 잘못된 것이라 말한다. 부모의 뜻을 따르길 바란다. 내가 30대 중반인데도 엄마는 내 머리스타일을 간섭한다. 한창 심할 때는 거의 매주 볼 때마다 이야기했다. 밖에 나가 사람을 만나는 것도 간섭하고, 내가 아이를 양육하는 방식에도 잔소리를 했다.

나는 그런 환경에서 자라서 내가 엄마가 되면 절대 그러지 않으리라 다짐했지만 나 역시 오랜 세월의 학습으로 인해 닮은 행동을 했다. 그럴 때면 부모님은 아이를 존중하지 않는다고 나를 비난했다. 정말 정신적으로 힘든 날이 많았다. 부모님의 권위에 도전하고 원망했다.

그러나 이제는 나의 부모님도 나처럼, 아니, 나보다 더 심하게 존중받지 못한 환경에서 자랐기 때문에 나에게 그렇게 하신 거라고 여기며 이해하려고 노력한다. 때론 밉기도 하지만 그래도 사랑한다. 내가 아들을 사랑하는 마음으로 인내하고 노력하며 나를 변화시키고 있듯이 나의 부모님도 나를 대할 때 이전과 다르게 배려하는 것이 느껴진다. 아마 나를 무척이나 사랑하셔서 60년이 흘러도 변화하고 계신 것이다. 60년을 살아온 사람도 변화하는데 그보다 더 짧은 세월을 살아온 사람은 더 빨리 변화할 수 있을 것이다. 자녀만 부모를 존중하는 것이 아니라, 부모도 자녀를 존중하고 배려해야 한다. 만약 부모가 아이를 존중하지 않으면 언젠가 부모 역시 그 아이에게 존중받지 못할 것이다.

부모가 먼저 아이를 존중해야 아이도 부모를 존중해요

우리는 너무도 바쁘게 살아가고 있다. 남들과 경쟁하는 삶을 살고 있다. 나를 돌보기에도 벅찬 삶을 살아간다. 그러다 보니 점점 가족 간에서도 소통의 부재가 일어난다. 서로의 대화에 귀 기울여주지 않는다. 아이를 하나의 인격체로 존중하지 못한 삶은 산다. 삶의 무게가 감정이 되어 나보다 약해 보이는 아이에게 화살을 쏜다. 또 돌아서면 아이에게 미안해진다. 아이에게 잘하자는 마음으로 전전긍긍 걱정과 근심 가득한 불안한 시선으로 바라본다. 불안의 시선으로 아이가 무언가를 할 때마다 과잉보호 또는 억압, 통제, 간섭한다. 여러 번의 반복으로 아이는 점점 자존감이 낮은 아이로 자라게 된다. 수동적인 아이로 변화하게 된다.

부모는 아이들이 새로운 것을 도전할 수 있도록 용기를 주어야 한다. 부모가 선택하는 것이 아닌 아이가 원하는 것을 하고 스스로 선택하게 해야 한다. 그리고 선택에 대한 책임을 질 수 있는 아이로 자라나게 해야 한다. 이제는 열린 사고를 하고 권위적인 관계가 아닌 수평적인 관계로 변화할 때이다.

"민준아, 엄마가 나가서는 어떻게 해야 한다고 했어요?"

"착한 아이가 되라고 했어요."

"맞아요, 엄마는 어린이집 원장이기 때문에 민준이가 밖에 나가서 친구를 괴롭히거나 어른의 말을 듣지 않고 다른 사람이 보기에 미운 행동을 한다면, 분명히 사람들이 엄마를 욕하게 될 거야. 아이들을 가르치는 원장아들은 말썽꾸러기라고 말이야. 반대로 민준이가 밖에서 멋진 아이가 되어 다른 사람들이 칭찬하면 엄마는 무척이나 기쁠 거야."

어린이집에 잠시 와있을 때나 어딘가로 데리고 다닐 때 내가 어린 아들에게 자주 한 말이다. 남들의 시선을 신경 쓰지 않을 수 없는 직업이기도 했고 그냥 성숙하게 행동하길 바랐다. 나의 편의와 주변의 시선 때문이었던 것 같다. 아이를 소유물처럼 여기며 나의 바람을 요구했다. '내가 조금만 더 일찍 깨달았다면, 조금만 빨리 변화했다면 민준이가 아이답게 자랐을텐데.'라는 아쉬움이 항상 있다. 민준이뿐 아니라 많은 아이가 부모의 요구로 인해 아이는 가식적으로 살아가야 한다. 부모가 원하고 사회가 요구하는 모범적인 모습으로, 어른의 잣대로 바르고 착해야 한다. 그러나 부모의 자랑거리로 살려는 아이가 안쓰럽다. 아이가 스스로 판단해서 행동할 수 있도록 부모는 아이를 믿고 존중해야 한다.

"보경아, 오늘 비 오는 날 아니야. 빨리 이거 신어."
"싫어, 장화 신고 갈 거야."
"보경아, 늦겠다. 빨리 이거 신어."
"싫어, 장화 신을 거란 말이야."

급기야 보경이가 떼를 쓰면서 울기 시작했다. 보경이와 실랑이를 하는 동안 어린이집 아침 차량을 놓친 보경이 엄마는 화를 내며 억지로 운동화를 신겨 어린이집에 데려다주었다. 이와 비슷한 상황은 아이를 키우는 부모들이 자주 겪는 이야기이다. 보경이를 존중하는 엄마라면 보경이가 장화를 신고 간다고 할 때 아이에게 비가 오지 않는데 신고 갈 것인지, 불편함에 대해 이야기하며 그래도 신고 가겠다고 한다면 남의 시선과 아이의 불편함을 신경 쓰지 않고 장화를 신겨 보내야 한다. 아이가 스스로 선택한 것을 느끼고 책임질 수 있도록 말이다

분명 장화를 신고 어린이집에 간다면 "어머, 보경이 장화 신고 왔네? 오늘 비 안 오는 날인데…." 이와 비슷한 반응을 듣게 될 것이다. 그러면 아이도 생각하게 될 것이다. 또 바깥 놀이 때 뛰어노는 데 불편함을 느끼면 아침에 엄마가 권한 이야기가 떠오를 것이다. 그러면 다음에는 비가 오지 않는 날에 신지 않는다. 그래도 또 신는 아이가 있다. 그러면 또 똑같이 하면 된다. 이렇게 하면 화내지 않고 아이를 존중하며 실랑이하지 않는 아침을 맞이할 수 있다. 평소에도 자주 옷이나 신발, 모자 등으로 아이와 자주 실랑이한다면, 미리 아이가 선택할 수 있도록 몇 가지 준비해두는 것도 좋다.

"보경아, 오늘은 날씨가 무척 좋아요. 엄마가 미리 보경이가 신을 구두랑 운동화를 꺼내놓았어요. 어떤 신발을 신을 거예요?"

날씨에 맞는 신발을 2~3켤레 정도 꺼내놓고, 그중 선택할 기회를 먼저 주면 아이가 그중에 고르게 된다. 신발을 신으러 나와서 아이가 다른 것을 먼저 보면 실패할 수도 있다. 엄마가 미리 준비하고, 존댓말을 사용해서 아이에게 의견을 묻는다면 아이는 존중받는다고 느낀다. 부모가 먼저 아이를 존중해야 부모의 권위와 품위를 손상시키지 않는다.

"효원아, 오늘 빨래하는 날인데, 빨래바구니에 있는 수건하고 옷하고 구분해줄래요?"
"지원아, 이제 그만 정리할래요?"
"혜진아, 이제 게임 그만하고 책 좀 볼래요?"

아이를 존중하고 아이의 의견을 묻고 스스로 선택할 수 있게 하면, 이렇게 대화하는 부모들이 있다. 선택은 '한다'와 '안 한다'이다. 사실 이건 선택의 여지가 없다. 부모는 하라는 말을 하고 싶은데 나름 존중하며 돌려 물은 것이다. 그러면 아이는 어떤 선택을 할까?

처음에는 그래도 부모가 갑자기 존댓말을 사용해서 물어오니 할 수도 있다. 벌써 머리가 좀 큰 아이들은 '우리 부모님 왜 저래.'라고 생각하며 안 할 수도 있다. 그리고 나중에는 결국 안 하는 쪽이 더 많아질 것이다. 이럴 때는 차라리 부탁하고, 언제 해줄 수 있는지 묻는 게 낫다.

쉽게 생각하면 아이를 존중하는 방법은 어렵지 않다. 아이 스스로 존중받는 기분을 느끼게 하는 것은 말 한마디면 된다. 존댓말과 의견 물어보기. 부모가 존댓말을 하면 아이도 자연스레 부모에게 존댓말을 한다. 부모가 아이를 하나의 인격체로 존중하면, 아이도 부모의 말을 잘 들어주는 아이가 된다.

* 자연스레 존댓말을 쓰는 아이

부모들은 아이에 대해 칭찬을 받으면 자신이 칭찬받은 것처럼 기쁘고 기분이 좋아진다. 나 역시 어디 가서 아이가 칭찬받으면 무척이나 기분이 좋았다. 그중 아이가 가장 많이 칭찬과 질문을 받은 것은 아이가 부모뿐 아니라 어른들에게 자연스레 존댓말을 쓰는 것이었다. 사실 아이들이 당연히 존댓말을 써야 하는데 요즘 아이들은 존댓말을 잘 사용하지 않는다. 그래서 그것이 칭찬거리가 되었다. 나 역시 부모님께 존댓말을 잘 사용하지 않는다. 어릴 적 습관이 지금의 나를 만든 것이다.

어떻게 하면 아이가 자연스레 존댓말을 쓰는지 자주 질문받았는데 방법은 아주 쉽다. 부모가 아이에게 존댓말을 사용하면 아이도 쓰게 된다. 아이가 말 배울 때 처음부터 존댓말로 배우면 자연스레 쓰게 된다. 이후 아이가 조금 성장하면 아이에게 내가 존댓말을 하지 않아도 아이는 여전히 존댓말을 쓴다. 아이가 어느 정도 성장했으면 어떻게 하는지 묻는다. 똑같다. 아이가 처음에는 어색해하지만, 부모가 자신을 존중한다 생각하며 무척이나 기분 좋아한다. 그러면서 함께 존댓말을 사용하게 된다.

7

마음이 통하는
친구 같은 엄마가 되세요

마음은 부드러워야 하고,
의지는 굽혀지지 않아야 한다.

– 롱펠로우

부모들은 왜 친구 같은 부모가 되길 원하는가? 보통은 권위적인 부모 밑에 자라 어릴 때 느꼈던 무서움, 불안감, 불편감, 어색함 등을 내 아이에게 물려주고 싶지 않기 때문이다. 부모의 눈을 피해 숨어서 불안한 마음으로 어떤 행동을 한 적이 모두 있을 것이다. 내 아이는 죄짓는 기분이 아닌 떳떳하게 하고 싶은 일을 하고, 하고 싶은 말을 하게 해주고 싶은 것이다. 나뿐만 아니라 많은 부모가 그렇게 생각해서 친구 같은 부모가 되고 싶다는 것일 것이다. 그러나 부모들은 '아이와 마음이 통하는 친구 같은 부모가 돼라.'라고 하면, 많은 오류를 범한다. 내가 하고 싶은 말은 '마음이 통하는'인데 대부분 '친구 같은 부모'에 초점을 맞춘다. 마음이 통하고 편안하고 다정한 부모를 '친구 같다'고 표현한 것인데 모든 걸 이해하는 부모라 생각하는 부모가 많은 것 같다. 그래서 요즘 부모들은 친구 또는 그 이하가 되어 지나치게 허용하게 된다. 내 아이가 사랑스럽지 않은 부모가 어디 있겠는가? 하지만 이들의 아이 사랑은 각별함을 넘어 유별나서 때로는 눈살을 찌푸리게 만든다. 원장으로서가 아닌 같이 아이를 키우는 엄마로서 말이다.

내가 운영하는 원은 어린이집에 입소하면 일련의 적응 과정을 거친다. 처음에는 부모 또는 조부모와 함께 등원하여 키즈카페처럼 놀다 간다. 어린이집이라는 공간을 익히고 이곳에 오면 재미있는 장난감이 많고 친구가 많다는 좋은 인식을 주기 위해 아이가 딱 즐거울 만큼만 있다가 간다. 교실에서 부모와 함께 있으면서 자연스레 교사는 부모의 양육하는 방식을 엿볼 수 있고 부모 역시 교사가 상황에 따라 어떻게 아이들을 대하는지 알 수 있기에 며칠간 함께하면서 한 아이를 함께 양육하는 교사와 부모의 유대관계를 가지게 된다. 또 아이는 그동안 친구도 만들고, 좋아하는 장난감이 어디에 있는지, 어떻게 가지고 노는지 익히게 된다. 이후 부모님과 떨어져 하루에 30분 또는 한 시간씩 아이가 마음이 부담스럽지 않을 만큼만 부모랑 떨어져 원에서 생활하게 된다. 이때 교사가 아이들을 부모가 없는 곳에서 안아주고, 놀아주며, 어린이집에 혼자 오더라도 선생님과 친구들이 있어서 즐겁게 잘 지낼 수 있다는 마음을 가질 수 있게 해주면 적응은 끝난다. 적응 과정에서 교사들은 본의 아니게 부모들의 양육 태도를 알 수 있는데, 위에서 이야기한 참 유별난 엄마들도 만나게 된다.

모든 것을 허용하는 엄마가 친구 같은 엄마는 아닙니다

"선생님, 오늘 정민이 잘 놀다 갔어요?"

"네, 잘 놀다 가긴 했는데, 어머님이 좀 이상하세요."

"왜요?"

"정민이가 장난감을 가지고 놀다가 잘 던지더라고요. 몇 번이나 친구들이 맞았는데 어머님은 정민이한테 단 한 번도 던지면 안 된다고 말하지 않고 장난감을 맞은 친구에게 다가가 대신 사과하더라고요. 그래서 제가 웃으며 정민이에게 던지면 안 된다고 이야기했는데 어머님이 정색하셨어요. 던지지 말라고 했다고."

"대단하신 분 오셨나 보네요. 장난감 맞은 부모님 아시면 참 황당하고 화날 일이네요. 일단 우리는 우리 방식대로 일단 던지지 말라고 이야기하세요. 그러면서 지켜보도록 하죠."

"선생님, 오늘은 정민이랑 어머님 어땠어요?"

"정민이가 무언가 마음에 안 들면 어머님께 화내고 짜증내고 장난감 던지고 장난이 아니었어요."

"우리가 할 일이 그런 아이들이 바르게 잘 자랄 수 있도록 돕는 일이지요. 선생님, 힘드시겠지만 힘내세요."

"문제는 어머님이 싫어하세요. 정민이가 빈이가 가지고 있는 타요 자동차를 빼앗길래 제가 다시 받아 빈이에게 돌려주고, 정민이에게 타요 장난감이 또 어디 있는지 함께 찾자고 데려가서 찾아주었어요. 그런데 정민이 어머님께서 굳이 똑같은 장난감이 있는데 정민이 손에 있는 걸 가져가서 빈이에게 주고 정민이를 찾아주느냐고 물으시는 거예요. 빼앗긴 빈이에게 선생님이 같은 장난감을 주면 되지 않느냐고 하시더라고요. 순간 말문이 턱 막히더라고요."

일주일이 지나고 정민이 어머님과 상담을 했다. 사실 선생님은 어머님이 불편하고 어머님의 양육 방식이 우리 원과 너무도 안 맞다고 하였다. 정민이 어머님은 아이를 기죽이지 않고, 자유분방하게 키우는 중이라 했다. 그리고 아이에게 친구 같은 엄마가 되고 싶다고 자랑스럽게 말했다. 그리고 어머니는 담임교사에게 인격 모독의 말을 쏟아부었다. 실랑이 하고 싶지도 않아서 어머님께 아주 정중히 가정양육을 더 하실 것을 권했다. 어머님이 맞벌이하지 않고 아이도 아직 3살이니 가정양육도 괜찮을 듯싶었다. 그러나 정민이 어머님은 운동도 하러 가야 하고 친목도 해야 하기에 가정양육은 힘들다 하셨다. 그래서 어머님께 아이 양육 방식이 맞는 원을 찾아가는 건 어떻겠냐고 물었다.

그러면서 일주일간 이야기를 했다. 만약 정민이가 다른 아이가 던진 장난감에 매일 맞고 오고 장난감을 빼앗긴다면 어머님 기분은 어떻겠냐고도 물었다. 어머니가 정민이를 귀히 여기는 건 알겠지만 우리 원에서는 모두 똑같다. 어머님이 원하는 특별대우를 해줄 수도 없다고 이야기했다. 우리 원을 믿고 또 나를 믿고, 교사들을 믿고 맡긴 아이들 모두 나한테는 귀하다. 정민이가 와서 그 귀한 아이들에게 상처를 주고 분위기를 흐린다면, 나는 그 아이들 부모님 뵐 면목이 없다고 이야기했다. 그런데도 계속 원을 다니시겠다고 했다.

어린이집은 그 어떤 부모가 와도 부모가 원하지 않으면 강제로 퇴소를 시킬 수 없다. 어쩔 수 없이 그렇게 다니는데 엄마와 교사의 사이가 아름답지 못한 것을 눈치 챈 아이는 엄마가 데리러 오면 보란 듯이 교사를 때리고 발로 차고 하찮게 여겼다. 교사는 자신을 때리는 상전의 발을 털어 신발을 신기고 애써 웃으며 하원시켰다. 어머니도 전혀 말리지 않는 모습에 화가 났다. 교사는 교사가 아니라 하녀보다 못한 존재였다.

교사도 교사고, 어머니도 어머니였지만 내 눈에는 아이가 가장 안타까웠다. 이 아이는 부모에게 반드시 배워야 할 기본적인 예의범절에 대해서 제대로 배우지 못해 앞으로 많은 사람과 관계를 맺고 살아가면서 어려움과 좌절감을 겪게 될 것이다. 그렇게 되지 않도록 부모가 도와줘야 한다. 아이가 원하는 대로만 할 수 없다는 것도 알려주어야 한다. 계속 무엇이든 된다고 하며 허용적으로 자란 아이가 나중에 갑작스레 안 된다고 하면 어떻게 될지 생각해보라.

하지만 친구 같은 부모를 꿈꾸는 많은 부모는 아이와의 친밀감을 지나치게 중시한 나머지 반드시 갖춰야 할 부모의 권위를 놓쳐버린다. 그래서 '부모'가 아닌 친구처럼 만만한 대상이 되거나 친구보다 못한 존재가 된다. 우리 아이 떼가 늘어서 육아가 너무 힘든 엄마라면 내가 아이에게 지나치게 허용하고 있는 건 아닌지, 권위 없이 친밀감만 쌓으려고 한 건 아닌지 잠시 나의 양육 스타일에 대해 돌아볼 필요가 있다.

화를 내는 것과 단호한 것은 다른 차원이다. 화를 내지 않고도 충분히 권위를 내세울 수 있다. 평소에 권위가 없는 부모들이 화를 내거나 폭력적인 방법으로 권위를 내세우려는 경향이 있다. 그리고 권위와 친밀함은 공존하지 못한다고 생각한다. 부모의 기본적인 권위를 가진 상태에서도 충분히 아이들과 친구 같은 친밀감을 쌓을 수 있다. 아이와 함께 시간을 보내고, 함께 웃고 행복해하고, 아이를 공감해주고 위로해주고, 용기를 주는 거면 족하다. 내 말이 정답이 아닐 수도 있다. 모든 걸 허용하는 친구 같은 부모가 되어 아이를 키웠는데도 나가서 사회생활을 잘하고 바르게 클 수도 있다. 물론 내 말대로 하느냐, 안 하느냐는 전적으로 부모의 선택에 달려 있다. 어차피 인생은 선택의 연속이다. 어떤 선택을 하든 책임감 있는 부모가 되길 바란다.

8

인정과 사랑을 받는 아이가
스스로 존중합니다

사랑은 자기 자신을 존재하게 하는 힘이다.
그것은 그 자체의 가치이다.

- T. 와일더

아이들은 자신을 평가할 때 스스로를 얼마나 가치 있고 소중한 존재로 평가할까? 이는 자존감의 크기에 따라 자기 자신에 대해 어떻게 이해하고 평가하는지가 달라진다. 자존감 형성은 무엇보다 부모의 역할이 중요하다. 부모가 자신을 존중하고 사랑하는 모습을 보고 자란 아이는 스스로 사랑받기에 충분히 가치 있는 존재임을 인식하게 된다. 부모로부터 자신이 사랑받는다고 스스로 느낄 때 아이의 자아존중감도 높아진다.

반대로 자신이 충분한 사랑을 받지 못한다고 느끼는 경우 자아존중감을 형성하기 어려울 수 있다. 따라서 부모는 아이들이 자신을 존중하는 마음을 가질 수 있도록 아이를 사랑해야 한다. 세상 어느 부모도 자신의 아이를 사랑하지 않는 부모는 없다. 그렇다면 모든 아이가 다 자신을 존중하고 소중히 여겨야 하는데 왜 그렇지 못한 아이들이 많을까?

남자친구가 마음에 안 드는 옷을 입고 나왔을 때 여자친구는 '그 옷 좀 제발 입지마.'라는 마음속 말을 돌려 "오빠, 그 옷 되게 좋아하나 봐?"라고 이야기한다. 그러면 남자친구는 "응! 근데 네가 제일 좋아."라고 여자친구의 의도를 전혀 이해하지 못하고 황당한 이야기를 하는데, 이전에 그런 개그가 인기를 얻었다. 나는 여자라서 그런지 돌려 말하는 내용이 무엇을 의미하는지 전부 이해가 되었다. 그런데 남자들은 정말 모르는 것 같았다.

이와 마찬가지로 아이들에게 "너희 부모님이 너를 사랑하시니?"라고 물으면 생각하지도 못한 황당한 대답들이 많다. 부모님이 자신을 미워한다, 사랑하지 않는다 등으로도 말한다. 세상 거의 모든 부모는 자녀를 사랑한다. 사랑의 방식이 약간 다르기는 하지만 사랑의 크기는 거의 비슷하리라 생각한다. 그런데 왜 개그의 내용처럼 부모의 사랑이 아이들에게 잘 전달되지 못할까?

한번 생각해보자. 당신은 부모로서 아이가 충분히 사랑받는다고 느낄 수 있게 말하고 행동하였는가? 아이에게 매일 사랑한다고 말하는가? 아이와 매일 스킨십을 나누는가? 매일 아이의 이야기를 잘 들어주며 일상적인 대화를 나누는가? 아이가 말할 때 아이를 쳐다보며 관심 있게 듣고 있다는 표현을 하는가? 아이와 함께 놀이를 즐기는가? 아이를 존중하며 의견을 물어보는가?

이 질문에 모두 'Yes'라면 아이는 '내가 엄마, 아빠에게서 사랑받고 있구나.'라고 느낄 것이다. 그러나 보통의 부모에게 "자녀에게 사랑한다고 얼마나 자주 이야기하세요?"라고 물으면 보통 이렇게 이야기한다. "꼭 말해야만 아나요?" 꼭 말해야만 아는 아이들이 많다. 그러나 '사랑해.'라는 말보다는 '안 돼.'라는 말이나 잔소리를 더 자주 한다. '안 돼'라는 말로 아이를 제지하고 잔소리가 많아지면 아이들은 자신을 믿지 않는다고 생각해 사랑하지 않는다고 느낀다. 아이는 대놓고 사랑한다고 말해주어야 한다. 그래야 사랑하는지 안다. 이제는 무조건 직설적으로 표현하자. 결점마저 조건 없이 사랑해야 한다. 부모가 좋아하는 행동을 해서가 아니라 존재 자체로도 무조건 사랑하고 있음을 알려주어야 한다. 어떠한 상황에서도 영원히 사랑하리라는 것을 느끼게 해주어야 한다.

부모의 사랑을 느낄 수 있도록 말과 행동으로 직접 알려주세요

아이는 무언가를 보여주고 싶고, 설명하고 싶은데 부모는 바빠서 다른 일을 하거나 다른 생각을 하며 성의 없이 아이를 대할 때도 많다. 이러면 아이는 부모가 자신에게 관심이 없다고 생각하고 사랑하지 않는다고 느낀다. 아이를 위해 하던 일을 멈추고 아이만 바라보고 아이의 이야기에 경청하고 공감해야 한다. 그래야만 아이는 자신이 존중받고 사랑받는다고 여긴다. 또 아이는 부모가 마지못해 놀아주는 것과 진정으로 즐겁게 놀아주는 것도 알고 있다. 부모가 무심결에 한 행동들이 아이와의 관계를 무너뜨린다.

아이와의 관계를 회복하고 사랑받는 아이라고 느낄 수 있도록 어떻게 하면 좋을까? 촉각, 청각, 시각 모든 감각을 이용해서 사랑한다는 것을 느끼게 해주자. 아이의 성향에 따라 부모 자신만의 애정습관을 만드는 것이 좋다.

스킨십은 아이에게 상상 이상의 큰 힘을 발휘한다. 그래서 나는 거침 없는 애정표현을 한다. 자주 사랑한다고 이야기한다. 일어나면 뽀뽀를 해주고 뜬금없이 귀엽다고 이야기하며 뽀뽀를 해주고 바쁘게 내 일을 하다가 우연히 눈이 마주치면 사랑한다고 이야기하며 뽀뽀를 한다. 갑자기 안 하던 뽀뽀가 부담스럽다면, 장난스럽게 간지럼을 피운다거나 마사지를 해주거나 다정하게 안아주거나 손을 잡으며 다양한 스킨십을 할 수도 있다. 아이와 내가 부담스럽지 않은 방법으로 편안하게 자주 습관처럼 하면 된다. 그때 자연스럽게 "사랑해, 민준이가 엄마 아들이라서 참 좋아, 엄마는 민준이와 있으면 참 행복해."라고 이야기하면 더 좋다. 사랑스러운 눈빛으로 바라보는 부모를 통해 아이는 자신이 사랑받는 소중한 존재임을 느끼게 된다.

아이가 스스로 사랑하는 마음을 가지게 하려면 마음을 다치게 해서는 절대로 안 된다. 예를 들어 "넌 이것도 못하니?, 넌 도대체 잘하는 게 뭐야." 등의 말이나 "너 할 수 있겠니?" 같이 아이의 능력을 의심하는 말, 어떤 일에 실패했을 때 "그럼 그렇지, 그럴 줄 알았어." 같은 말은 아이에게 상처를 주게 된다. 아이가 새로운 일을 도전할 때 "넌 충분히 해낼 수 있는 멋진 아이야."라고 용기를 북돋아주며 스스로 해결할 수 있도록 지켜봐주는 것이 좋다. 또 아이가 실패했을 경우 "괜찮아, 엄마도 아마 못 했을 거야, 힘들었지? 다음번에는 더 잘할 수 있을 거야, 누구나 처음부터 잘할 수 없단다." 등의 말로 위로하며 누구나 실패를 할 수 있음을 알려주고 실패를 통해 배울 수 있는 것을 알려주자. 그래서 실수나 실패의 두려움보다 깨달음을 얻을 수 있도록 알려주자. 부모가 항상 내 뒤에서 날 믿고 지지하고 있다는 것을 알려주자.

아이에게 '너는 사랑받는 아이야.'라는 것을 마음 깊이 심어주기 위해서는 아이와 가까워질 기회를 마련해야 한다. 책을 읽어주고, 함께 놀아주고, 아이의 일상적인 대화를 나누고, 아이의 관심사에 질문하며 아이의 경험을 나누는 것이 중요하다. 또 부모는 언제나 믿고 의지할 수 있는 대상임을 느끼게 해야 한다. 둘만의 시간을 가질수록 더욱더 가까워진다. 가까워질수록 아이는 부모가 자신에게 관심이 많다고 생각하며 사랑받는다고 느낀다. 자존감 형성은 아이를 한결같이 사랑해주는 부모들의 일관성 있는 양육 태도가 중요하다. 그래서 습관이라고 나는 표현한다.

나는 매년 아이의 성장을 기록한 한 권의 포토북과 아이와 함께 여행한 포토북을 만들어놓았다. 다음에 아이가 기억하지 못하더라도 우리가 함께 어떻게 행복한 시간을 보냈는지 알려주기 위해서다. 또 내가 운영한 원 역시 같은 이유로 매년 말 개인 포토북을 만들어 선물한다. 나는 아이가 심심해할 때 자주 사진 북을 보며 이야기 나눈다. 아이는 잘 기억하진 못하지만 몇 살 때는 누구랑 어디를 여행했는지, 집에서는 무슨 놀이를 하고 놀았는지 사진을 보며 그때 기억나는 일화를 아이에게 들려준다. 아이는 함께 사진 북을 보며 그때의 기분이나 분위기를 기억하며 행복한 느낌을 받는다. 여러 번 포토북을 보며 이야기를 들은 아이는 기억은 못 하지만 기억하고 있는 듯 스스로 이야기하게 된다. 그리고 지난날의 추억을 통해 부모가 자신을 소중히 여기고 사랑해주고 있음을 느끼게 된다.

4 장

아이의
마음을
지키는
소통 습관

1부

아이를 칭찬할 때
지켜야 할 3원칙

원칙 없는 칭찬은
아이에게 치명적입니다

칭찬받을만한 자격이 없는 사람에게
안겨주는 칭찬은 이를 데 없는 조롱이다.

– 프랭클린

고래도 춤추게 하는 칭찬은 아이들에게도 엄청난 영향을 준다. 아이를 키울 때 칭찬만 잘해도 훌륭한 육아를 할 수 있다. 아이가 바람직한 행동이나 생각을 했을 때 칭찬을 받으면서 바람직한 행동을 더 많이 하려고 노력하게 된다. 자연스럽게 나쁜 행동은 점점 줄어들게 된다. 아이 스스로 변화할 수 있는 의지와 인내를 배우게 한다. 꾸중보다 칭찬을 받고 자란 아이는 심리적으로 안정적이고 긍정적이며 자신감이 높다. 어려운 일에 도전할 수 있는 용기는 이런 자신감에서 나온다.

칭찬을 받고 자란 아이는 자존감도 높다. 부모에게 충분히 사랑을 받고 있다고 생각한다. 자신이 충분히 사랑받을 가치가 있는 소중한 존재이며 어떤 일이든 해낼 수 있다고 생각한다. 그래서 부모들은 칭찬을 많이 해주면서 키우면 더 잘 성장할 것이라고 믿고 있다. 그래서 너무 자주 칭찬을 해주려 애쓰며, 아이의 기를 살려주기 위해 노력한다. 그러나 칭찬도 잘하면 기적 같은 힘을 발휘하지만 원칙 없이 마구 남발하면 독이 되기도 한다.

원칙 없는 칭찬이 만들어 내는 역효과는 아이에게는 치명적이다. 영혼 없이 계속 칭찬하면 아이는 자신을 스스로 평가할 수 없게 된다. 자신의 만족보다는 타인의 평가에 지나치게 신경을 쓰게 된다. 무엇이든 잘했다며 칭찬하면 옳고 그른 것이 무엇인지 모르고 자기중심적이 된다. 주변 사람의 감정이나 상황을 배려할 줄 모른다. 언제나 잘한다는 말을 들은 아이는 주변 모두가 자신에게 관심을 가지고 칭찬하기 원한다. 매일 과도한 칭찬을 듣다가 하루라도 칭찬을 듣지 않으면 불안해하고 잘못했다고 느끼게 된다. 기대한 만큼 칭찬을 받지 못하면 좌절감에 빠지게 된다. 실패를 극복하기 힘들어한다. 자신의 의견이 받아들여지지 않는다는 것을 인정하지 못한다. 아이를 위해 한 칭찬들이 아이에게 독이 되지 않기 위해서는 칭찬의 원칙을 알고 사용해야 한다. 흔히 부모들이 실수하기 쉬운 원칙 없는 칭찬은 어떤 것일까?

칭찬에도 원칙이 있습니다

관심과 영혼 없는 무조건 칭찬

아이가 예쁘고 사랑스럽다고 의미 없는 무조건 칭찬을 하면 안 된다. 자기중심적이며 이기적인 아이로 만들 수 있다. 아이의 기를 살린다고 무턱대고 칭찬하면 안 된다. 아이가 무엇을 그린 건지도 모르고 "트럭이야? 잘 그렸네."라고 이야기했는데, 아이는 기차를 그린 것이라면 아이의 마음은 어떨까? 아이도 스스로 생각해도 마음에 안 드는 일들이 있다. 아이 스스로 너무 그림을 못 그렸다고 생각하고 무언가 마음에 들지 않는데 "너무 멋있게 잘 그렸구나." 하고 칭찬하는 것은 아이를 더 기분 나쁘게 만들며 부모의 칭찬에 신뢰를 잃게 만든다. 열등감을 느끼게 만들기도 한다. 이런 경우는 "열심히 그렸구나. 엄마는 네가 열심히 그림 그리는 모습을 보니 기분이 참 좋아."라고 말해주는 것이 좋다. 진심을 담지 않고 영혼 없는 칭찬을 한다면 아이도 별로 기뻐하지 않는다. 아이의 행동과 기분에 관심을 가지고 칭찬을 하자.

일관성 없는 칭찬

부모의 기분에 따른 일관성 없는 칭찬을 하면 안 된다. 엄마가 기분이 좋아서 아이도 기분 좋아지라고 칭찬할 필요 없다. 칭찬은 아이의 기분을 좋게 만드는 것이 목적이 아니다. 좋은 행동을 계속할 수 있도록 하고 자신감을 기를 수 있게 하는 것이다. 일관성이 없는 칭찬은 아이를 헷갈리게 만든다. 분명 어제는 엄마가 저녁 식사 후 그릇을 옮기는 것을 도와드렸더니 칭찬했는데, 오늘도 저녁 먹고 그릇을 옮겨드리려 하니 "귀찮게 하지 말고 가만히 있어."라고 이야기한다. 분명 어제 칭찬을 받았기에 오늘도 칭찬을 받을 것이라 생각했던 아이는 실망하게 되고, 자신의 행동이 잘못된 것인지 혼란스러워하게 된다.

칭찬인지 야단인지 헷갈리는 칭찬

칭찬할 때에는 칭찬만 하자. 아이에게 칭찬하면서 아쉬운 부분을 같이 이야기하는 것은 효과적인 칭찬법이 아니다. "정리를 잘하는구나. 그런데 말이야…"라고 이야기하면 아쉬운 부분을 이야기하기 위해 먼저 칭찬을 하는 경우가 되어버린다. 결국, 칭찬이 비난으로 마무리된다. "정리를 잘하는구나. 그런데 말이야. 그건 거기가 아니라 여기에 정리해야지. 왜 할 때 제대로 하지 못하니?" 이렇게 말이다. 부모 입장에서는 아이가 완벽하게 잘해주면 더 좋겠다는 의미로 하는 말이지만 아이는 자신감을 잃게 된다. 아이는 칭찬을 받고 있는지 잘못한 것을 지적받는 것인지 헷갈리게 된다. 이런 일이 자주 반복되면 칭찬을 해도 기쁘지 않고 칭찬 뒤 또 지적을 받게 될 것이라 생각하게 된다. 칭찬할 때는 칭찬만 하자. 부모님의 기대에 못 미치더라도 아이가 정리를 하는 과정에 의의를 두고 "정리를 잘하는구나."라고 칭찬하자.

누군가와 비교하는 칭찬

칭찬은 아이의 행동, 말, 생각 등 보고 듣고 느낀 대로 표현해야 한다. 누군가와 비교해서 칭찬하는 것은 바람직한 칭찬 방법이 아니다. "우리 혜영이는 동생과 다르게 장난감을 어지르지 않고 정리도 잘하네, 우리 효원이는 오빠처럼 말대꾸를 안 하고 참 착하구나, 우리 양현이는 옆집 민지보다 그림을 훨씬 잘 그리는구나, 동생도 너처럼 공부해야 하는데 집중을 잘 못하네." 이런 식의 칭찬은 아이에게 좋지 않은 영향을 준다. 효원이 오빠의 경우는 자신의 '의견'을 말한 것이지만 부모가 말대꾸한다고 느꼈을 수 있다. 말대꾸 안 해서 착하다는 것은 앞으로 착하려면 너의 의견을 말하지 말라는 뜻이 될 수도 있다.

칭찬할 때 이상한 조건을 이야기하지 않도록 해야 한다. 또 다른 사람과 비교하는 칭찬은 다른 사람보다 더 뛰어나야 한다는 인식을 심어줄 수 있기에 위험한 칭찬이 된다. 또 자신과 비교된 다른 사람을 무시하게 된다. 형제 사이가 나빠지고, 형제를 의식하면서 피곤한 인생을 살아가게 된다. 아무리 무한경쟁 시대라 해도 가정에서부터 경쟁을 가르쳐주어서는 안 된다. 경쟁은 의심하게 되고, 불안감을 느끼게 하며, 정신건강에 나쁘다. 사람들 대할 때 부정적이고 적대적으로 대하게 된다. 비교해서 칭찬하고 싶다면 과거와 현재의 변화를 비교해서 칭찬해라. "우리 민준이 저번에는 60점이었는데 이번에는 80점을 받아왔구나. 열심히 노력했나보구나. 너무 잘했네."라고 칭찬해야 아이에게 좋은 변화를 줄 수 있다. 아이의 있는 그대로 모습을 인정하는 것이 가장 좋은 칭찬 방법이다.

혹시 형제들이 있을 경우 칭찬은 당사자만 있는 곳에서 비교하지 말고 칭찬해야 한다. 아이 기질에 따라 다르기는 하지만 부모가 다른 형제만 칭찬하면 비교당한 것 같은 불쾌감을 느끼고 자존심에 상처를 받게 된다. 칭찬으로 아이의 기를 살리는 것도 중요하지만 다른 아이의 감정도 배려해주는 부모가 되어야 한다. 조심하더라도 어쩔 수 없는 상황이 되었을 경우, 아이들을 독립적인 존재로 인정하고 아이 각각의 좋은 점을 칭찬하는 것이 좋다. 비교하지 않는다는 것을 느끼게 하는 것이 중요하다. 자라면서 부모에게 이런 말을 하는 아이들이 있다.

"엄마, 언니는 얼굴도 작고 날씬하고 키도 크게 낳아주고 나는 왜 반대로 얼굴도 크고 통통하고 키도 작게 낳았어요?"

아이는 자매와 이런저런 비교로 많은 시간과 감정을 소비하며 엄마에게 불만을 토로한다. 부모가 옷을 사 오면 언니 것이 더 좋아 보인다며 언니랑 같은 것을 사달라고 떼를 쓰기도 하고 언니 옷을 입고 나가 실랑이가 벌어지기도 한다. 심지어 자신에게 필요하지 않은 것도 언니와 똑같이 사달라고 요구한다. 이처럼 아이들은 부모가 비교하지 않아도 언젠가는 스스로 형제를 의식하고, 옆집 아이를 의식하고, 친구를 의식하며 살아간다. 서로 다름을 인정하고 자신을 있는 그대로 사랑받고 있음을 느낄 수 있도록 부모가 꼭 배려해서 행동하고 칭찬하도록 노력해야 한다.

---

* 칭찬의 5대 원칙

1. 진심을 담아 칭찬하기
2. 일관성을 가지고 칭찬하기
3. 칭찬할 때 칭찬만 하기
4. 아이의 과거와 현재를 비교해서 칭찬하기
5. 미루지 말고 즉시 칭찬하기

2

행동을 구체적으로 언급하며
진심을 느끼게 하세요

좋은 칭찬 한마디에
두 달은 살 수 있다.
– 마크 트웨인

  칭찬은 무언가 대단한 일을 해냈을 때 하는 것이 아니다. 부모가 보기

엔 사소한 일이지만 아이에게는 대단한 일이 될 수 있다. 그렇기에 부모

는 사소한 일도 칭찬해야 한다. 밥을 잘 먹고, 배변을 잘하고, 어린이집

에 잘 다녀오고, 손을 잘 씻고, 양치를 잘하고, 장난감을 스스로 치우고,

숙제를 잘하고, 친구들이랑 사이좋게 잘 노는 등 아주 사소하고 당연한

일에도 칭찬하는 습관을 가져야 한다. 아이의 단점보다는 장점을 보려고

노력하고, 아이의 행동을 긍정적으로 해석한다면 칭찬할 만한 일이 더

많아진다. 칭찬의 습관은 아이의 행동을 긍정적으로 바라보는 마음에서 우러나온다. 그렇기에 부모는 항상 아이를 있는 그대로를 사랑하며, 긍정적이고 관심 있게 바라봐야만 독이 되지 않고 기적을 발휘하는 칭찬을 할 수 있게 된다.

아이에게 해줄 마땅한 칭찬을 떠오르지 않아 습관적으로 "멋지네, 잘했어, 최고!" 등 추상적인 칭찬을 하고 있지는 않은지 점검해보아야 한다. 만약 지속해서 이런 칭찬을 듣게 된다면 아이는 하나도 기뻐하지 않게 된다. 장난감을 가지고 놀고 난 후 장난감을 잘 정리한 아이에게 "참 착하네, 참 잘하네."라는 표현은 아이가 무엇을 칭찬받는지 모를 수도 있다. "장난감을 치우는 네 모습을 보니까 엄마는 네가 무척 대견스럽고 기쁘구나, 가지고 논 장난감을 제자리에 잘 정리했구나."와 같이 말하는 것이 아이의 행동 변화에 더욱 효과적이다. 아이가 칭찬받는 이유를 이해할 수 있도록 구체적으로 칭찬해야 한다. 칭찬은 실제 노력한 만큼, 성취한 정도에 맞게 칭찬해야 한다. 올바른 칭찬이 아이를 변화시킨다. 아이가 열심히 하는 모습이나, 잘한 행동, 말, 생각을 즉시 칭찬해야 한다.

구체적 칭찬법 예시

"잘했네, 멋지네, 고마워."보다는 "동생에게 장난감을 양보하다니 대단하네, 멋져." "오늘도 장난감 정리를 잘했네. 약속을 지켜줘서 고마워." "엄마 청소를 도와주어서 고마워." 왜 칭찬하는지 상황을 알려주어야 한다.

"우와, 잘 그렸네."보다는 "이 그림은 색깔이 다양해서 더 예쁘게 보이는구나." "멋진 파란색 자동차를 그렸구나. 파란 자동차가 무척이나 빠르게 달릴 것 같은데?" "초록색 공룡을 그렸구나. 공룡이 무척 힘이 세 보이고 멋진 걸?" "예쁜 분홍색 꽃을 그렸구나. 그림에서 좋은 꽃향기가 나는 기분이야. 예쁜 꽃 그림을 벽에 붙여서 전시해볼까?"

구체적인 칭찬과 함께 상상력을 발휘해 아이의 그림에 관심을 표현하면 아이들은 더 기뻐한다.

좋은 칭찬은 아이를 좋게 변화시킵니다

아이를 칭찬할 때에는 진심을 담아 칭찬해야 한다. 다른 일을 하거나 다른 곳을 보면서 아이를 칭찬한다면 칭찬이 진심으로 느껴지지 않는다.

아이와 얼굴을 마주 보고 칭찬해야 한다. 눈을 맞추고, 스킨십을 이용해서 칭찬하면 더욱 진심이 담긴 느낌이다. 말로만 칭찬하는 것보다는 머리를 쓰다듬거나 안아주면서 말하면 아이들이 더 좋아한다. 사랑받고 있다고 느낀다. 잘하는 일에 대한 칭찬은 당연하지만 생각하지도 않았는데 관심과 칭찬을 받으면 새로운 기쁨이 된다. 아이들은 스스로의 기쁨을 위해 기꺼이 행동을 수정한다.

"원장님, 우리 정민이가 요새 너무 말을 안 들어요. 하지 말라는 것만 골라서 하는 것 같아요. 화를 안 내려고 해도 안 낼 수가 없어요. 저는 매일매일 아이에게 화를 내고 아이는 미운 행동만 해요. 주말이면 하루종일 화를 내다가 하루가 지나가는 것 같아요. 이제는 아이만 봐도 화가 치밀어 올라요. 어떻게 할지 모르겠어요. 육아가 너무 힘들어서 도움을 요청하러 왔어요."

"어머님, 많이 힘드시죠? 그런데 아마 정민이도 힘들 거예요. 엄마가 무언가 하려고 하면 계속 못 하게 하고 화를 내니까요. 화를 낸다고 해결되지 않아요. 어머님은 아마 정민이가 무언가를 더 잘했으면 하고, 어머님 말씀을 더 잘 듣는 아이가 되길 바라는 마음에 화를 내셨을 거에요.

그런데 어머님이 먼저 변해야 정민이도 변할 거예요."

"네? 제가 변해야 한다고요? 어떻게요?"

"정민이가 어머님을 화나게 하는 행동을 하며 눈치를 보면 화를 내거나 야단치지 마시고 그냥 못 본척하세요. 그 자리를 피하셔도 됩니다."

"네? 그러면 정민이가 집안을 어지르고 엉망으로 만들 텐데요?"

"네. 그렇게 내버려두세요. 위험하지 않은 선에서요. 그리고 어머님이 원하는 행동을 했을 때 관심을 가지고 칭찬해보세요. 칭찬은 꼭 구체적으로 하셔야 해요. 어머님이 원하는 행동한 것을 이야기하면서요. 만약 집안을 엉망으로 만들었다면 스스로 정리하도록 하세요. 절대로 화내지 마시고요. 정리를 할 때 칭찬을 꼭 해주세요."

"화를 안 내고 칭찬을 하는데 아이가 말을 잘 들을까요?"

"오늘 오후부터 당장 해보시고 일주일 후 다시 연락 주시겠어요? 대신 절대 화내지 말고 무시하셔야 해요. 반대로 잘하는 행동을 했을 경우 꼭 구체적으로 칭찬해야 한다는 거 잊지 마시고요."

"알겠습니다. 오늘 오후부터 한번 해볼게요."

정민이 어머니에게서 4일 만에 전화가 왔다. 내가 이야기해준 칭찬의 효과는 아주 놀랍다고 너무 감사하다며 점심을 함께 먹자고 했다. 정민이 어머니와 함께 점심을 먹으며 3일간의 칭찬한 내용과 변화를 알려주었다. 집에서 매일 뛰고 장난감을 부수듯이 던지고 놀던 정민이가 3일 만에 앉아서 책도 읽고 다른 아이가 되었다고 했다.

그 계기가 우연히 책을 책장에서 꺼내기에 책을 열기도 전에 "어머, 우리 정민이 책 읽는구나. 멋지네. 엄마는 우리 정민이가 멋지게 앉아서 보면 더 좋겠는걸?"라고 했더니 앉아서 책을 여러 권을 보았다고 했다. 정민이를 키우며 책을 연달아 몇 권 보는 것을 처음 봤다고 말했다. 어머니는 기분이 좋아 책을 보는 정민이를 안아주었다고 한다. 아마 앞으로 정민이는 책을 무척이나 좋아하는 아이가 될 것이다.

이처럼 아무리 화를 내고 아이의 행동을 바꾸려 노력했지만 힘들기만 했던 것이 칭찬으로 아이가 변했다. 아이가 엄마의 관심을 끄는 것을 실패하면 엄마가 싫어하는 행동으로 관심을 끌게 된다. 엄마가 화를 내도 아이는 엄마의 반응을 보았기에 계속하게 되는 것이다. 정확하게 엄마가 어떤 행동을 하기 바라는지 구체적으로 이야기해서 칭찬한다면 엄마가 원하는 아이로 변화시킬 수 있다.

그러나 칭찬도 반복해서 들으면 그 효과가 떨어진다. 칭찬의 효과를 계속 유지하려면 아이의 말과 행동에 관심을 가져야 한다. 한두 번 잘했다고 내버려두지 말고, 계속 칭찬하고 격려해야 한다. 습관이 될 때까지. 칭찬의 표현방법도 창의성이 필요하다. 매일 말로 하는 것보다는 다양한 스킨십을 하면서 칭찬하고, 때론 아이에게 편지나 쪽지에 칭찬과 사랑의 메시지를 남겨보는 것은 어떨까? 아이가 휴대폰이 있다면 문자로 남겨도 좋다. 아이가 생각하지도 못한 방법으로 나만의 칭찬을 해보자.

＊ 부모가 아이를 칭찬해야 하는 이유

1. 칭찬은 아이와 부모를 동시에 행복하게 만든다.
2. 칭찬은 아이에게 긍정적인 사고를 길러준다.
3. 칭찬은 아이에게 자신감을 준다.
4. 칭찬은 아이에게 좋은 습관을 길러준다.
5. 칭찬은 보물찾기처럼 많이 찾을수록 더 좋은 것이다.

3

결과보다 과정을
구체적으로 칭찬하세요

칭찬이란 아이의 노력에 한한 것이어야 하며,
그에 대한 느낌으로 족하다.
일과 인격에 대한 평가는 금물이다.

— H. 지노트

아이들은 어떠한 일을 하고 나서 "선생님, 저 100점이에요? 엄마, 저 잘했죠?"라고 묻는다. 아마도 이런 질문을 하는 아이의 주변 어른들은 아이에게 자주 결과에 치중한 칭찬을 했을 것이다.

우리 사회에 전반적으로 과정보다는 결과를 중시하는 분위기가 팽배해 있다 보니 그럴지도 모른다. 그러나 결과에만 치중한 칭찬만 했을 경우는 언젠가 독으로 돌아올 것이다. 열심히 노력했는데도 결과가 나쁠수도 있다. 비록 결과가 나쁘더라도 열심히 노력한 것에 대한 과정은 칭찬받아야 한다. 아이가 노력한 과정을 칭찬받지 못하면 결과에 따라 아이는 두려움, 패배감, 실망감, 좌절감을 경험하게 되고 자존감이 낮아질 수 있다. 아이는 과정보다 결과에 집착하게 되고, 수단과 방법을 가리지 않게 될 것이다. 좋은 결과를 위해 타인의 노력을 빼앗고 요행을 바라고 편법을 생각하게 만든다. 자신의 이익을 위해 이기주의자가 될 것이다.

그렇기에 부모는 아이가 잘 자랄 수 있도록 어릴 때부터 결과에 집착하지 말고 아이가 성장해가는 과정에 초점을 맞추어 칭찬해야 할 것이다. 결과가 나쁘더라도 과정을 칭찬하는 것은 아이에게 큰 용기가 된다. 다시 열심히 노력한다면 결과는 바뀔 수 있다는 생각을 하게 되고, 다시 도전할 힘이 생긴다. 또 결과에 따라 패배감, 실망감, 좌절감에 빠지지도 않는다. 결과에 집착하지 않고 성실함과 끈기, 용기를 배우게 된다.

아이가 잘했을 때 더 잘할 수 있도록 칭찬하고 싶다면, 결과보다는 과정에 대해 칭찬해야 한다. 결과를 칭찬하는 것보다 과정을 칭찬하기 위해서는 아이에게 더욱 관심을 기울여야 한다. 결과는 바로 눈에 보이지만 과정은 그렇지 않다. 오랫동안 관심을 가지고 보아야만 알 수 있다. 따라서 부모는 항상 아이에 관심을 가지고 아이가 어떠한 노력을 하는지 지켜보아야 한다. 그리고 그 노력을 구체적으로 칭찬해야 한다.

노력과 과정 칭찬법 예시

"끝까지 최선을 다했구나. 잘했다."

"열심히 노력하는 모습이 멋지구나."

"지난번보다 더 잘하는 걸? 정말 노력했구나. 대견하다."

"점점 좋아지고 있구나."

"끝까지 집중해서 마무리하는 모습을 보니 엄마가 기쁘구나, 대견하다."

"열심히 노력하더니 드디어 해냈구나. 자랑스러워."

"어려운 일을 도전하다니, 너의 용기가 멋지구나."

"예전에 못하던 걸 이제 잘할 수 있게 되었구나, 진짜 열심히 노력했네."

"넘어져도 울지 않고 일어나 끝까지 달리는 모습이 참 멋있어 보였어."

아이들은 부모에게 관심과 인정을 받길 원한다. 잘하고 있는 점을 계속 칭찬해서 더욱 잘할 수 있도록 해주어야 한다.

사소한 일이라도 열심히 하면 노력과 과정을 칭찬해야 한다. 지속적인 노력과 과정의 칭찬을 통해 부모가 아이에게 긍정적인 관심이 있음을 알게 해야 한다.

결과보다 노력과 과정을 칭찬하면 아이는 자연스레 잘하게 됩니다

"엄마, 이것 좀 봐요. 나 100점이야! 오늘도 또 100점 맞았어!"

학교에서 수학 문제를 푼 것을 내게 들이민다.

"응, 잘했네."

"엄마, 그런데 받아쓰기에 부호를 잘못 적어서 90점 맞았어요. 글자는 맞게 적었는데 아쉬워요."

"어머, 아쉬웠겠네. 그래도 어제 혼자서 열심히 공부하더니 90점이나 맞았네? 우리 아들 잘했네."

"엄마는 왜 수학 100점 맞았을 때보다 받아쓰기 90점을 맞아왔는데 더 많이 좋아해요?"

"민준아, 엄마는 이렇게 생각해. 집에서 수학 공부 안 했는데 문제가 쉬워서 100점 받은 것보다 어제 저녁에 스스로 받아쓰기 연습하고 열심히 노력해서 90점 받은 것이 더 칭찬받아야 한다고 생각해."

"그게 무슨 말이에요?"

"엄마는 노력하지 않고 100점 받는 것보다 민준이가 스스로 열심히 노력해서 하나 틀렸지만 90점을 받아온 것이 더 기뻐. 민준이 받아쓰기 공부 열심히 했지? 그러면 100점이든 90점이든 60점이라도 잘한 거야. 최선을 다한 거니까."

"최선을 다하면 잘한 거예요?"

"당연하지! 최선을 다해 노력하면 앞으로 더 잘하게 될 거야. 지금 점수는 중요하지 않아. 엄마는 우리 민준이가 충분히 더 잘할 수 있을 거라 믿어."

나는 초등학교 1학년 아이를 학교에 보내놓고 별 신경도 안 쓴다. 무엇이든 스스로 잘하리라 생각한다. 그러나 주변에서 나를 무심하다고 이야기한다. 엄마 맞느냐고도 묻는다. 참 특이하다는 이야기도 많이 들었다. 그러나 나는 누군가 그런 말을 한다고 해서 변하지 않는다. 나는 나만의 육아 철학과 방법으로 육아를 하고 있다.

나는 다른 부모들처럼 학교에 따라다니며 아이를 챙겨야지만 아이를 위한다고 생각지 않는다. 아이의 문제를 먼저 나서서 해결해주어야 한다고 생각하지 않는다. 나는 아이가 스스로 할 수 있는 능력을 키워주기 위해 스스로 자신을 챙기도록 내버려둔다. 나의 역할을 아이가 진정으로 독립된 인간으로 자랄 수 있도록 한 발짝 떨어진 곳에서 지켜보고 꼭 도움이 필요한 순간에만 손길을 주는 것이라 생각한다.

그래서 아이는 자기 일을 스스로 하도록 하고 있다. 학교에서 목요일에 받아쓰기한다고 연습해오라고 받아쓰기 표를 보냈다. 처음에 2~3번 연습하는 법을 가르치고 1년 내내 다시는 받아쓰기 연습을 시키거나 스스로 연습을 하라는 이야기도 안 했다. 그러나 민준이는 스스로 연습할 때가 더 많았다. 연습하지 않은 날은 결과가 좋지 않았다. 그러나 연습을 하는 날이면 자주 100점을 받아왔다. 스스로 좋은 결과를 원해 연습해갔다. 나는 아이의 점수를 보고 칭찬하는 것은 아니다. 스스로 연습해간 것 노력과 과정을 더 많이 칭찬하려고 했다. 그런데 좋은 점수는 덤으로 왔다.

나는 결과를 중시하는 우리 사회 풍토가 싫다. 그러면서도 때론 요행을 바란다. 노력한 것보다 많은 것을 얻는 느낌이 들 때도 있다. 그러나 가끔 내가 노력한 것에 비해 결과가 너무나 좋지 못할 때도 있다. 이런 걸 사람들은 운이라고 부른다. 운에 따라 노력과 상관없이 결과가 나오는 건 정말 옳지 못하다고 생각된다. 어린이집을 운영하면서 그런 생각을 더 많이 하게 되었다. 노력에 비해 아무 보상을 받지 못한 느낌이다. 그래도 열심히 하고자 노력한다. 지금 당장 눈에 보이는 결과로 보답해 주지 않더라도 언젠가는 큰 기쁨을 줄 것이라 믿는다. 물질적인 보상은 아니더라도 무언가 꼭 보상이 있으리라 생각된다.

나는 아이가 삶을 어떻게 살아야 하는지, 어떤 가치를 가져야 하는지, 지금 해야 할 일에 최선을 다해야 미래에 어떤 일을 해도 기쁘고 행복하게 살아갈 수 있다는 것을 알려주고 싶다. 최선을 다한 1분 1초가 모여 아이의 미래를 만들어갈 것이라 믿는다. 그래서 결과보다는 과정을 칭찬한다. 아이가 자신이 노력한 것만큼 결과가 나오지 않아 실망할 때, 아이를 따뜻이 위로하고 격려해주며, 다시 일어서게 만드는 그런 엄마가 되고 싶다. 결과에 따라 타인의 시선과 평가에 전전긍긍하지 않고, 자신만의 기준을 가지고 당당히 살도록 하고 싶다. 아이의 성과나 결과에 연연하지 않고 아이 노력이나 존재만으로도 세상 누구보다 큰 사랑을 주는 엄마가 되고 싶다.

나에게 중요한 것은 최선을 다했는지의 여부와, 자기 스스로의 만족이지 결과 혹은 타인의 인정이나 평가가 아니다. 만약 나와 부모님이 평가에 좌우했다면 나는 지금 아무것도 못 하고 있었을 것이다. 왜냐하면 나는 초등학교 때 한글을 몰라 과외를 했고, 한글을 몰라서인지 좋은 성적을 제대로 받아본 적이 없었다.

이후 중학교 가서 차츰 나아지기는 했으나 나름의 방황과 남녀공학 고등학교에 다녀보기 위한 목표로 공부를 잘하고자 노력하지 않았다. 그런데도 나의 부모님은 성적 때문에 나를 혼낸 적이 없으셨다. 성적이 곤두박질칠 때도 부모님은 내가 열심히 노력하였을 거라 생각하고 묵묵히 기다려주셨다.

덕분에 나는 눈에 보이는 당장의 결과보다는 그 결과를 얻기까지의 과정이 중요하다는 사실을 알게 되었다. 나는 내 책이 많은 사람들에게 읽히고 도움이 되면 좋겠지만 그렇지 않아도 상관없다. 내가 최선을 다해서 나 스스로에게 떳떳하기에 만족한다. 나는 어린이집을 운영하고, 학업을 하고, 책을 쓰면서 부족한 딸, 부족한 며느리, 부족한 아내가 되었지만 내 아들에게만큼은 좋은 가치관을 가지고 최선을 다해 자신의 삶을 열심히 사는 엄마이고 싶다.

2부

아이를 크게 하는
훈육의 3원칙

1

일관성 있는 훈육을
해야 합니다

올바른 사회는 오직 어린이들에게 참다운 교육을
실시함으로써 이루어질 수 있다.
-페스탈로치

요즘은 아이가 어떤 행동을 하든 '오냐 오냐, 잘하는구나.' 하는 부모들이 많다. 무조건 '예쁘다 예쁘다' 하다가 기분에 따라 갑자기 그동안 참아왔던 것들을 폭발시킨다. 스스로 감정을 주체하지 못한 채 잘못된 행동들에 대해 아이에게 훈육이 아닌 화를 내고 만다. 그리고 나서 돌아서면 너무도 미안한 마음에 또 아이가 잘못된 행동을 해도 내버려둔다. 잘못된 행동들이 쌓이고 쌓여 폭발하기를 반복하며 극단적인 방식을 취한다. 이런 경우의 부모님들은 아이가 사랑스럽기는 하지만 마음이 지쳐 있다.

그래서 화를 내게 된다. 아마 아이의 마음은 부모님이 도대체 왜 화를 내는지 모르고 '어제와 똑같은 행동을 했는데 어제는 분명히 부모님이 웃으며 바라봐놓고 왜 오늘은 소리를 지르고 화를 내시네? 왜 저러시지?'라고 생각할 것이다. 일관성 없는 부모의 태도에서 아이는 혼란을 겪게 되고 자신의 잘못된 행동을 반성하기보다는 불만과 반항심을 갖게 된다. 아이가 잘못된 행동을 한다면 기분에 따라 화를 내는 것이 아니라 부모 스스로 마음을 가다듬고 훈육을 해야 한다.

자기가 원하는 대로 되지 않는다고 울면서 소리를 지르고, 침을 토해내고, 숨이 넘어갈 듯 악을 쓰고 물건을 던지고, 때린다. 아이의 떼가 늘어가는 이유는 무엇일까? 바로 경험 때문이다. 어떨 때는 되었다가 어떨 때는 안 되는 일관성 없는 부모 행동으로 떼를 심하게 쓸수록 자신의 뜻을 받아줄 것으로 생각한다. 떼를 심하게 썼는데 부모가 포기하기도 한다. 그러면 더욱 떼는 늘어난다. 떼를 써서 부모를 이긴 경험으로 아이는 점점 더 잘못된 행동을 하게 된다. 부모도 역시 함께 소리를 지르며 화를 내고 영원히 해결할 수 없을 것 같은 문제에 부딪히게 된다.

주변에 이런 문제를 겪는 부모들을 보면 대놓고 말을 해줄까 말까 무척 고민스럽다. 사실 아이의 잘못이 아니라 부모가 일관성 없이 양육을 하다 보니 아이가 이렇게 변한 것이다. 이런 이야기를 해주면 인정을 하고 스스로 양육 행동을 수정하는 부모가 있는 반면, 부정하는 부모가 더 많다. 모든 문제의 원인을 아이 탓으로만 돌린다. 그러나 아이의 잘못된 행동은 대부분 부모의 적절하지 못한 대응 때문에 생기는 것이다. 아이가 계속 잘못된 행동을 한다면 스스로를 돌아보고 문제를 찾아 부모가 먼저 바뀌어야 아이가 바뀐다. 부모 먼저 정확하게 되고 안 되고의 기준을 세우고 그 기준에 맞추어 일관성 있게 양육해야 한다.

아이가 심하게 떼를 쓸 경우 대처법

일관성 있게 단호하게 훈육해야 한다. 다른 사람을 때리거나 물건을 던지고, 바닥에 드러눕고, 위험한 행동을 하며 떼를 쓴다면 아이를 보호하면서 훈육해야 한다. 아이가 진정될 때까지 꼭 안아주자. 떼를 쓸 때는 아이들이 괴력을 발휘하기에 많은 힘이 필요하다. 아이가 다치지 않도록 꼭 안아야 한다. 한순간에 아이 머리가 땅에 쿵 하고 닿을 수도 있다. 아이에게 이런 행동을 못 하게 막을 수 있다는 훈육의 메시지와 너를 위로

해줄 거라는 메시지를 동시에 전달할 수 있다. 처음에는 발버둥치고 악을 쓰다가 결국 진정하고 상황을 받아들이게 된다. 아이에 따라 엄청난 시간이 소요될 수도 있다. 안긴 채로 너무 심하게 발버둥을 치고 안겨 있지 않으려는 경우 아이가 다치지 않는 선에서 바닥에서 떼를 쓸 수 있을 만큼 쓰도록 내버려두고 아이가 진정되면 대화를 시도해야 한다. 왜 아이가 원하는 것을 부모가 못 하게 반대하는지 이유를 설명하고 아이의 속상한 마음도 함께 다독여주어야 한다.

나는 개인적으로 아이와 힘 겨루는 것을 싫어한다. 그러나 힘겨루기를 해서 이겨야겠다는 마음을 먹는다면 절대 지지 않는다. 나는 아들이 3살쯤에 바닥에서 한 시간가량 소리 지르고 우는 것을 본 경험이 있다. 나중에는 눈물도 안 흘리고 악을 쓰는데 참 가관이었다. 교사 생활을 했지만 기관에 와서 내 아들만큼 한 아이가 없었기 때문에 놀랄 만한 경험이었다. 그렇게 3~4번 떼를 쓰고 난리를 치는 것을 보았는데, 횟수를 더해갈수록 점점 더 덤덤하게 받아들이는 나를 보고 아들은 더 이상 떼를 쓰지 않게 되었다. 몇 년이 지나도 내가 안 된다고 하면 단 한 번도 더 물어보거나 떼를 쓰지 않았다. 한 번 안 된다고 해서 되는 것을 못 보았기 때문일 것이다. 이래서 일관성이 중요한 것이다.

그러나 내가 원장이 되고 나서 우리 원에는 내 아들만큼 떼를 쓰는 아이들이 매년 몇 명 있다. 딱 그럴 시기의 아이들이라서 이때가 중요하다 싶어 힘겨루기를 시도하기도 하지만 결국 내가 부모가 아니라서 계속 데리고 있지 못하기에 포기하기도 하고, 힘겨루기를 해서 이기더라도 아이의 부모님과 양육 방식이 달라 아이가 금방 다시 돌아간다.

또 완전히 창문이 오픈된 어린이집이다 보니 지나가다가 보면 아이를 내버려두거나 학대한다고 오해를 받을까 봐 교사들이 불안해하기 때문이기도 하다. 아이가 우는데 내버려두면 정서적 학대에 해당해 처벌을 받을 수 있다. 결국은 이제 어린이집이나 유치원에서 아이의 잘못된 행동을 바로잡기가 더 힘들어졌다. 그렇기에 이런 부분은 가정에서 잘 해결했으면 한다. 부모가 올바르게 대해야만 아이가 올바르게 자란다는 사실을 잊지 말고 아이를 위해서라도 꼭 일관성을 유지하자.

훈육에도 원칙이 있습니다

– 일관성 있게 훈육한다. 아이의 잘못된 행동에 벌을 줄 때는 충분한 설명과 계획하에 일관성 있는 훈육을 한다.

- 잘못한 즉시 훈육한다. 외출 시 아이가 잘못된 행동을 할 때는 주변의 눈을 의식해서 아이에게 "나중에 집에 가서 보자."라고 말하고 집에 가서 훈육하면 아이가 무엇 때문에 혼이 나는지 잘 모른다. 잘못된 행동을 한 즉시 훈육해야 효과가 좋다.

- 남이 보는 앞에선 혼내지 않는다. 부모가 다른 사람들이 보는 앞에서 자신을 혼내는 것 자체가 아이한테는 대단한 수치심과 불쾌감을 줄수 있다. 만약 외출 시 아이의 잘못된 행동을 했을 때 즉시 훈육하기 위해 언성을 높이고 아이를 혼내는 방법 대신, 아이에게 조용하게 다가가 이야기해라. 만약 아이가 말을 듣지 않는 경우 아이에게 자연적 결과로 보여주는 것도 하나의 훈육이다. 또는 아이의 요구를 들어주지 않겠다고 단호하게 이야기하고 무시하는 것도 방법이다.

- 제삼자를 끌어들이지 않는다. 공공장소에서 심하게 장난치고 떠드는 아이에게 "아저씨한테 혼난다."라며 제삼자를 끌어들여 야단치는 경우가 있다. 아이의 행동을 판단하는 것은 엄마이고 야단치는 것도 엄마라는 것을 보여줘야 아이도 자신의 잘못을 인정하게 된다.

- 아이의 생각을 들어본다. 부모가 보기에는 잘못된 행동이더라도 아이에게는 나름대로 이유가 있다. 아이가 잘못했을 때는 왜 그런 행동을 했는지 그 이유부터 들어본다. 아이의 이야기가 끝난 후 부모는 왜 그런 행동이 좋지 않은지 설명해주고 다음부터는 그렇게 하지 말라고 타이른다.

- 한 가지 잘못만 지적한다. "아까는 방을 어지럽히고 정리도 안 하더니 이제는 동생이랑 싸우니?" 하는 식의 말투는 '나는 언제나 나쁜 행동만 하는 아이'라는 생각을 하게 만든다. 훈육할 때에는 잘못된 행동 하나에 대해서만 말하고 그 이후에는 다시는 언급하지 말아야 한다.

- 아이와 함께 벌의 내용과 기준을 정한다. 아이가 언어적으로 자신을 표현할 수 있게 되고 사고력이 생기면 벌에 대해서도 아이와 합의해 정한다. 부모가 일방적으로 정한 벌은 아이가 지키지 않으려고 하지만 자신이 정한 벌에 대해서는 스스로 책임감을 느끼고 인정하게 된다. 이를 통해 아이는 행동을 스스로 조절할 수 있게 된다. 예를 들어 낙서하면 낙서를 스스로 다 지우기, 무언가를 흘리면 흘린 것 스스로 닦기, 동생과

싸울 경우, 놀이나 아이가 좋아하는 활동 제한하기 또는 생각하는 시간 가지기 등.

훈육이 무조건 옳다는 것은 아니다. 그러나 아이가 옳고 그름을 인식할 수 있게 해줄 수 있기에 필요에 따라 적절히 사용해야 한다고 생각한다. 아이가 잘못했을 때, 어떻게 훈육을 할 것인지 나름대로 규칙을 정하는 것이 좋다. 그래야 아이에게 그날 기분에 따른 화내기가 아닌 일관성 있게 훈육할 수 있다.

＊ 훈육의 5대 원칙

1. 감정을 배제하고 훈육한다.
2. 일관성을 가지고 훈육한다.
3. 제삼자를 끌어들이지 않는다.
4. 한 가지 잘못만 지적한다.
5. 아이의 생각을 들어본다.

2

감정 빼고 팩트만 이야기하며
야단쳐야 해요

아이를 꾸짖을 때는 한 번만 따끔하게 꾸짖어야 한다.
언제나 잔소리하듯 계속 꾸짖어서는 안 된다.

– 『탈무드』

    매일 많은 시간을 아이와 보내다 보면, 아이가 말을 안 듣고 말썽을 피우는 일이 계속 반복되어 속상하기도 하고 화가 나기도 한다. 그래서 낮에는 버럭 화를 내고 아이가 잠든 밤이 되면 아이를 바라보고 후회하고 반성한다는 말로 '낮버밤반'이라는 신조어가 생겼다. 많은 부모들이 공감하기에 이런 신조어까지 생긴 것이다.

    사실 부모도, 교사도, 할머니도, 할아버지도 모두 다 사람이라 감정적이다. 아이의 눈으로 바라보지 못하고 어른의 시선으로 아이가 말썽을 부린다고 생각한다. 그래서 한 번 저지른 실수도 계속 그런 것처럼 이야기하고, 큰 잘못을 저지른 것처럼 화를 내는 경우도 많다. 계속 잘못한 것처럼 이야기할 경우 아이는 자존감이 떨어지고 스스로 나쁜 아이라고 생각하게 될 수도 있다. 또 매번 화내기를 반복할 경우, 아이는 화를 낼 때만 잠시 부모의 말을 듣다가 또다시 같은 행동을 반복하게 된다.

어린 시절 벌을 받거나, 누군가가 야단이나 매를 맞았을 때 어떤 느낌이 들었는지 떠올려 보면 우리는 아이를 어떻게 대해야 할지 금방 깨닫게 된다. 굴복시키는 듯한 훈육은 잠깐 부모가 원하는 대로 행동하지만 모욕당했다고 생각이 들기도 하고 사랑받지 못하는 아이라 생각하게도 된다. 그리고 복수심이나 증오심이 생긴다. 아이의 잘못된 행동목표 중 한 가지인 '앙갚음하기'는 나도 어린 시절 그런 마음이 생긴 적이 있었다. 내가 상처받은 만큼, 나에게 상처 준 사람에게 내 나름의 복수를 꿈꾸었다. 더 말을 안 듣고 밉게 행동하는 것이다. 부모 스스로 감정을 잘 다스려야 아이도 부모를 존중하고 말을 더 잘 듣게 된다.

훈육도 마찬가지이다. 훈육은 문제 행동에 대해 감정적으로 야단치고 벌을 주는 것이 아니다. 훈육이란 아이가 다양한 상황에서 적절한 행동을 스스로 판단하여 실천할 수 있도록 돕는 것이며, 훈육의 시작은 아이의 마음을 인정하고 감정을 존중해주는 것부터 시작되어야 한다.

아이가 말썽을 부리면 아이에게 화가 나는 것은 정상적이다. 그러나 화가 나면 이성적인 판단을 잃고 논리적이지 못하게 된다. 아이의 말을 잘 들어주지 않고 주관적으로 문제를 바라보게 된다. 갑자기 혈압이 높아지고 아드레날린이 분비되면서 아이를 공격할 태세를 갖추게 된다. 이럴 때 아래의 방법을 통해 조절해보자.

아이와의 문제 상황에서 감정 조절이 중요합니다

상황에서 벗어날 수 있도록 거리 두기 – 타임아웃

아이에게 화가 날 때는 잠깐 아이와 거리를 두는 것이 좋다. 아이에게 잠시 뒤에 이 문제에 대해 다시 이야기하자고 하며 아이도 생각할 시간을 가지게 만든다.

긴장 풀기

마음속으로 괜찮다고 생각하며 심호흡을 하면 마음의 안정감을 찾을 수 있다. 심호흡은 한숨이 아니라 차분하고 천천히 숨을 내쉬면서 차분함과 편안함을 주고 분노에서 벗어나게 하며 스트레스를 조절해준다. 실제로 심호흡을 하면 교감신경계가 코르티솔과 아드레날린을 보내는 것을 멈춘다.

주위 사람의 도움받기

배우자나 친구, 육아 코치를 받을 수 있는 곳에서 감정을 털어놓고 도움을 받는다.

먼저 타이르고 설명하기

아이가 실수를 저질렀을 때 가장 먼저 해야 할 일은 아이의 실수를 지적하고 화내는 것이 아니라 먼저 타이르는 것이다. 부모가 보기에는 말썽이지만 아이는 무언가 스스로 하려고 노력하다가 실수할 때가 많다. 식탁 위에 컵이 있어서 컵을 꺼내고자 의자를 밟고 식탁까지 올라와서 컵을 들고 내려가려다 깰 수 있다. 이럴 때는 화를 낼 것이 아니라 일단 아이에게 다치지 않았는지, 놀라지는 않았는지 먼저 물어보자. 그러고 난 후 엄마가 올라가면 떨어져서 다칠 수도 있고, 식탁 위에 있는 물건이 깨져서 다칠까 봐 걱정된다고 이야기하자.

위험한 행동임을 알려주고 위험한 행동을 해서 엄마가 화가 난다고 설명한 후 앞으로 컵을 꺼내거나 높은 곳에 있는 물건이 필요할 때 어떻게 해야 하는지 미리 방법을 제시해야 한다. 그래야 같은 행동을 반복하지 않는다. 그러나 분명 또 반복할 것이다. 그럴 때 "전에도 엄마가 말했지? 위험하다고 했잖아! 내려와!"라고 하지 말고 감정은 빼고 과거의 잘못도 지적하지 말고 지금 바로 저지른 잘못만 지적해야 훈육의 효과를 높일 수 있다. 그리고 다시 한 번 엄마가 어떤 행동 때문에 화가 났는지 설명하고 아이에게 앞으로 어떻게 할 것인지 물어본다. "높은 곳에 있는 물건이 필요할 땐 어떻게 하는 것이 좋겠니?" 아이가 답을 못 하면 다시 알려주어야 한다.

사사건건 "안 돼!"라는 말과 함께 야단을 맞고 자란 아이는 소극적이고 수동적인 아이가 될 수 있다. 욕구를 제한당하기 때문에 누군가를 때리거나 물건을 잘 던지는 아이가 될 수도 있다. 따라서 잘못하면 무조건 야단부터 칠 것이 아니라 사전에 경고하고 아이가 잘못된 행동을 하지 않도록 미리 배려해야 한다.

타임아웃

아이가 잘못했을 때 하던 일을 중단하고 다른(혼자만의) 장소에서 감정을 추스르고, 자신의 행동을 반성하는 시간을 갖게 하는 것을 타임아웃이라고 한다. 타임아웃은 문제 행동을 수정하는 데 효과적이지만 말을 못 알아듣거나 자신의 잘못을 이해할 수 없는 나이에는 할 수가 없다. 타임아웃을 사용할 때 잘못된 행동에 대한 이유를 물어야 한다. 이후 아이가 무엇을 잘못했는지 알려준다. 그리고 지정된 장소(생각하는 의자) 타임아웃을 한다.

타임아웃을 할 때는 이동이나 말을 하지 않고 차분히 생각만 하게 한다. 타임아웃이 끝나면 아이의 잘못에 대한 사과와 앞으로 어떻게 행동할지에 대한 이야기를 듣는다. 아이가 적절한 대안을 못 찾으면 알려준다. 부모 역시 스스로 반성한 아이에게 칭찬해주어야 한다. 타임아웃은 훈육방법의 하나일 뿐, 무조건 효과가 있지는 않으니 아이가 불안해하거나 맞지 않는다고 생각할 경우 다른 방법으로 적절히 활용하거나 다른 훈육법을 사용해야 한다.

타임아웃 활용법

친구 또는 형제와 싸울 때 부모가 언성을 높이며 화를 내기보다는 차분하지만 단호한 말투로 "마음을 진정시킬 필요가 있겠다. 방금 한 행동이 옳은 일인지 생각해봐."라고 이야기해보자. 아이가 잠깐 자신의 행동을 생각해볼 수 있도록 진정 시간을 주되 혼자 두지 않는다. 진정 시간은 타임아웃과 같이 3~5분 정도가 적당하다.

진정 시간이 끝난 뒤에는 "아까 한 행동이 어떻다고 생각하니? 앞으로 어떻게 하는 게 좋을까?"라는 질문을 통해 아이 스스로 자신의 잘못과 그 이후의 행동을 결정할 수 있도록 해준다. 만약 아이가 대답을 못 한다면, 부모가 생각하는 해결 방법을 제시하면 된다. 여기서 중요한 점은 정해진 시간 동안 아이가 말을 걸어와도 대답해주지 말고 정해진 시간이 지나고 나면 이야기해야 한다.

훈육할 때에는 감정적이어서도 화를 내서도 안 되지만 평소처럼 대해서도 안 된다. 단호한 태도로 떼를 쓰고 말을 듣지 않아도 들어주지 않으리라는 것을 아이에게 알려주어야 한다. 화를 내지 않아도 평소와 다른 부모의 모습에 아이는 무엇인가 잘못되었음을 느낄 수 있다.

아이를 양육하다 보면 훈육해야 할 때가 분명히 있다. 그러나 어떤 방법의 훈육이 내 아이에게 효과적일지는 정확하게 알 수 없다. 결국, 아이를 키우고 있지만 이 아이가 커서 어떤 사람이 될지 정확히 알 수 없는 것처럼 말이다. 그래서 아이를 키우는 것이 더 어려운 것일지도 모르겠다. 내 아이에게 맞는 훈육 방법을 찾되 모든 훈육에 아이를 존중하고 사랑하는 신뢰 관계가 전제조건이 되어야 한다는 것을 잊지 말아야 한다. 부모가 아이를 존중할 때 부모는 아이에게 화를 내거나 감정적으로 대하지 않게 된다.

---

* 훈육, 꼭 해야 하나요?

올바른 훈육은 부모들의 성장 과제 중의 하나이다. 훈육은 문제 행동에 대해서 감정적으로 아이를 혼내고 벌을 주는 것이 아닌 교육이 되어야 한다. 아이에게 옳고 그름을 알려주는 것으로 다양한 상황에서 적절한 행동을 스스로 판단하여 실천할 수 있도록 돕는 것이 되어야 한다. 그러기 위해서는 부모 먼저 마음을 다스리고 훈육해야 하며, 아이에게 적절한 선을 알려주어야 한다.

3

연령과 발달단계에 따라
훈육의 방법이 달라집니다

만일 어머니가 어질고 굳센 의지를 갖고 있다면
입으로 가르치지 않아도 자연스럽게 좋은 가르침을 줄 것이다.

– 페스탈로치

아이를 키우다 보면 아이가 고집부리거나 떼를 쓸 때 위험한 행동, 잘
못된 행동 등 훈육을 해야 하는 상황이 왔을 때 '언제부터 훈육해야 할
까? 지금부터 해도 될까? 너무 어린 것 아닌가? 어떻게 훈육해야 좋을
까?' 등 많은 고민을 하게 된다. 나는 많은 아이를 현장에서 직접 겪어보
고 나의 아이도 키워본 바로는 아이들은 발달의 차는 있지만 비슷한 과
정을 거치며 성장한다고 생각한다. 연령과 발달에 따라 비슷한 특징이
있으며 이러한 공통적인 특성과 시기에 따른 변화는 아이들을 훈육하는

데 중요하다고 생각한다. 아이의 발달을 이해하지 못하고 훈육하면 많이 실패한다. 많은 부모들이 훈육을 하지만 전혀 효과가 없는 경우도 있다. 그 이유는 바로 아이의 발달을 이해하지 못하고 훈육을 했기 때문이다. 이런 실수를 하지 않기 위한 아이 발달에 따른 훈육법을 알아보자.

연령과 발달에 따른 훈육법

0~9개월, 아이의 관심을 다른 곳으로 유도한다. 아이가 무엇을 하면 안 되는지, 위험한 행동에 대한 전혀 개념이 없는 시기이다. 이 시기의 아이는 기어 다니면서 주위를 탐색하며 위험한 행동들을 곧잘 한다. 빠른 아이들은 무언가를 잡고 일어나 손을 뻗어 물건을 떨어뜨리기도 한다. 부모는 아이를 따라다니며 "안 돼, 위험해, 아야, 때찌, 이놈, 그만!"과 같은 이야기를 하지만 아이는 이 말을 이해할 리가 없다.

부모는 아이가 활동하는 반경 내의 위험요소를 미리 차단해야 한다. 만약 위험요소를 차단하지 못했을 때 아이가 위험요소에 관심을 가지면 평소와 다른 반응을 보이는 것보다 아이의 관심을 끌 수 있는 물건(장난감)으로 아이의 관심사를 다른 곳으로 돌리는 것이 최상의 방법이다. 이 시기에는 아이가 울고 떼쓸 때 가만히 안아 어르고 달래며 진정시키고,

아이가 호기심을 보일 만한 물건으로 관심을 끌어야 한다.

10~24개월, 떼쓰기 시작하는 단계로 안 되는 것을 단호하게 금지한다. 이 시기의 아이들은 스스로 하고 싶은 것은 많으나 어설픈 시기로 하고자 하는 행동을 못 하게 하거나 잘 안되는 경우 등에 좌절과 분노를 한다. 이 시기의 아이들은 자신의 욕구를 충족시키기 위해 분노 폭발적인 반응을 자주 보인다. 생각은 되지만 말로 잘 표현되지 않아 행동으로 표현하며 소리를 지른다거나 울기, 눕기, 던지기, 깨물기, 발 구르기 등을 한다.

이 시기는 부모에게도 매우 중요하다. 이 시기에 아이들을 제대로 훈육하지 못하면 오랫동안 아이는 잘못된 행동을 하게 된다. 아이가 잘못된 행동을 하면 단호하게 "안 돼, 그만!"이라고 말해야 한다. 표정을 찡그린다든지 머리를 흔드는 등의 시늉을 하면서 해서는 안 되는 일을 분명히 알려준다. 말을 이해하지 못할 때는 아무리 말을 해도 알아들을 수 없으므로 말보다는 행동으로 안 되는 것을 알려주는 것이 좋다. 위험한 물건을 만지려고 할 때는 "안 돼, 위험해!"라고 짧게 이야기하면서 아이의 손목을 잡아 즉시 못 만지도록 한다.

부모의 편의로 "안 돼!"라는 말을 자주 사용하면 아이는 더욱 떼쓰고 반항할 수도 있다. 꼭 필요할 경우 사용해야 하며, 아이의 발달 수준에 맞춰 최대한 이해하기 쉬운 말로 안 되는 이유를 설명해주어야 한다. 훈육할 때는 웃는 얼굴로 장난하듯이 하면 안 된다. 단호한 표정으로 알려주어야 한다. 뜻을 분명히 전달하지 못하면 아이는 결국 발달 과정에서 익혀야 할 사회 규범을 제대로 익히지 못한다. 아이의 관심을 돌리고자 과자나 사탕 등으로 달래면 먹고 싶을 때마다 떼를 쓰게 된다.

25~36개월, 짧고 명확한 문장으로 훈육하며 적당한 허용이 필요하다. 이 시기의 아이들은 말을 거의 다 알아듣는다. 말을 알아들을 뿐이지 말을 잘 듣는 시기는 절대 아니다. 아직은 자기감정을 스스로 조절하는 능력이 부족한 시기이다. 자신이 하고 싶은 대로 안 될 때마다 소리 지르고, 울고 떼쓰는 등의 행동으로 자신의 능력을 시험하며 고집을 한껏 부린다.

'이 정도 소리 지르며 울면 엄마가 해주겠지?' 생각하며 아이들은 어느 정도쯤 해야 부모를 이길지 알고 있다. 다음에는 더 크게 더 많이 더 심하게 해서 엄마를 당황하게 만들 자신이 있을 것이다. 아이는 행동을 제지당해서 울음을 터트린다고 바로 안아주고 아이 달래기에 급급하면 그럴 때마다 아이는 떼를 쓰고 울음으로 상황을 모면하려 한다. 결국, 문제를 해결하지 못하고 항상 도돌이표처럼 아이가 문제 행동을 하면 제지했다가 아이가 울음을 터트리면 달래주기로 끝난다.

아이에게 정확하게 무엇이 잘못된 행동인지 인지시켜줄 필요가 있다. 단호한 표정과 말투로 아이의 잘못을 구체적으로 설명해야 한다. 아이에게 어떻게 해야 하는지 대안이나 한계 안에서 선택권을 준다. 예를 들어, 미세먼지 나쁨인 날에 아이가 바깥에 나가서 놀고 싶다고 고집을 부린다면 무조건 "오늘은 미세먼지 나쁨이라 안 돼!"라고 금지할 것이 아니라 "오늘은 미세먼지 나쁨이니 밖에 나가서 놀 수 없어. 꼭 나가서 놀고 싶다면 미세먼지 마스크를 쓰고 나가야 해. 그리고 오랫동안 밖에서 놀 수는 없단다. 그래도 괜찮다면 잠시 밖에 나갔다 오자." 식으로 적당한 가이드라인을 제시해주는 게 좋다. 또 미세먼지가 나쁨이면 왜 밖에 나가서 노는 것이 왜 안 되는지에 대해 알려주는 것도 도움이 된다.

37개월~, 아이의 마음에 공감해주며 확고하고 부드러운 어조로 대화하기. 이 시기의 아이들은 자신의 감정이나 상태에 대해서 이야기할 수 있다. 대화를 통해 스스로 무엇이 잘못되었는지도 안다. 아이가 잘못했을 때는 왜 그런 행동을 했는지 그 이유를 끝까지 들어주고, 잘못된 점을 이야기해줄 때는 안 되는 이유를 명확하게 설명해주어야 한다. 그래야 부모의 말에 반발하지 않고 믿고 따르게 된다.

야단을 치기 전에 말로 먼저 타이르는 것이 더욱 좋다. 야단이 지나치면 오히려 역효과가 나타날 수 있기에 훈육을 줄이고 아이와 대화를 통해 해결해야 한다. 야단을 치고 난 후에는 아이를 사랑하지 않아서 야단을 친 것이 아님을 꼭 알려주고 아이의 마음을 다독여준다.

나이가 많아지면 점점 제한을 줄이고 허용해주어야 한다. 어떻게 하는 것이 나을지 적절한 정보를 제공하고 자신의 선택의 결과를 자연스럽게 경험하고 책임지게 하는 것이 효과적인 훈육이 될 수 있다. 실천 가능한 선택권을 주고 나서 결과를 반드시 실행해야 한다.

아이가 잘못 행동했다고 아이를 나쁘다고 비판하지 않아야 하며 아이의 자존심을 상하게 하는 말이나 행동을 하지 않아야 한다. 자녀로부터 존중과 존경을 받고 싶다면 먼저 존중해주어야 한다. 아이의 나이가 많아질수록 아이와 잘 지내기 위해서는 반드시 서로에 대한 존중이 필요하다.

그리고 아이와의 갈등을 피하기 위해서는 부모가 원하는 것을 정확하게 전달해야 한다. 이때 '나―전달법'을 사용하면 더욱더 좋은 효과를 발휘하여 문제를 해결할 수 있다.

'나―전달법'이란 '네가 잘못했다.' 대신에 '내가 어떻게 느끼는지'에 초점을 바꾸어 자녀의 행동으로 인해 어떻게 느끼는지를 객관적으로 전달하는 방법이다. 이는 자녀를 탓하지 않고 자녀의 행동에 대한 부모의 느낌을 설명하면서 자녀 스스로 부모가 느끼는 문제를 해결할 수 있게 해 준다.

나―전달법

1. 당신이 문제점으로 느끼는 자녀의 행동이나 상황을 그대로 말한다.

(내 생각에는 네가 ~하는 것이 문제란다.)

2. 그 상황에 대해서 당신이 느끼는 바를 말한다.

(그래서 엄마가 피곤해, 힘들어, 짜증이나, 화가 나.)

3. 당신의 이유를 진술하라.

(~해서 ~하기 때문에)

4. 당신이 원하는 바를 구체적으로 말하라.

(엄마는 그래서 민준이가 ~해주었으면 좋겠다.)

"엄마 생각에는 민준이가 물건을 사용한 후에 제자리에 정리하지 않는 것이 문제야. 그래서 물건을 찾을 때마다 힘들단다. 그리고 네 뒤를 따라다니며 치우기에는 엄마가 할 일도 너무도 많고 피곤해. 그래서 엄마는 민준이가 사용한 물건은 항상 제자리에 정리해주었으면 좋겠다."

아이의 행동에 감정이 조절되지 않아 아이와 같이 소리 지르거나, 욱해서 아이를 다그치고 돌아서서 후회하고 있다면 지금 당장 훈육법을 점검하고 공부해야 할 시간이다. 효과적인 훈육을 하는 데는 다양한 기술이 필요하다. 훈육에 대한 기술을 익히고 자녀에게 정중하게 요청해보자. 그래야 화내지 않고 우아하고 고상하게 훈육할 수 있다.

5장

행복한
엄마가 되면
행복한 아이를
만듭니다

1

이 세상에 100%
완벽한 엄마는 없습니다

남들이 너를 어떻게 생각할까 너무 걱정하지 마라.
그들은 그렇게 그대에 대해 많이 생각하지 않는다.

— 루스벨트

대부분의 사람은 남이 나와 다르게 사는 것을 부러워하고 내가 남과
다르게 사는 것을 불안해하고 두려워한다. 그렇기에 육아에서도 나와 다
른 방식으로 양육을 하는 사람들을 보면, 틀렸다고 한다. 그렇게 애를 키
우면 안 된다고 말이다. 그러나 완벽한 육아, 완벽한 엄마는 없다. 내 아
이에게 맞는 육아와 내 아이에게 맞는 엄마면 충분하다. 아이와 내가 행
복하면 된다. 모든 것을 완벽하게 할 필요도 없다.

아이의 건강한 성장발육을 위해 제때 건강하고 맛있는 음식을 해 먹이고, 아이의 위생 건강을 위해 하루 반나절 매일 집을 깨끗이 치우고, 아이가 오면 아이에게 엄마표 공부를 시키고, 아이와 놀아주고, 아이를 위해 센터나 학원 등을 데리고 다니고, 육아를 위해 일도 포기하기도 한다. 완벽한 엄마를 꿈꾸며 자신의 생활에서 모든 것을 아이에게 맞추고 아이를 위한 삶을 사는 엄마들이 있다. 참 엄마가 되는 것은 어렵다. 그리고 완벽한 엄마는 더욱 어렵다. 그러면 겉으로 보기에 나름 완벽해 보이는 엄마의 아이들은 잘 자랄까?

"어머, 새로운 블록을 샀네? 재미있겠다. 우리 이거 가지고 놀까?"
"안 돼요."
"연주야, 친구랑 같이 사이좋게 놀아야지. 함께 새 블록 가지고 같이 놀아라."
"엄마, 블록은 개수가 많아서 꺼내면 정리하기가 힘들어요. 다른 거 할게요."

　가까이에 사는 아들 친구 연주네 집에 놀러 갈 때마다 연주 엄마를 보면 놀랍다. '어떻게 이렇게 매일같이 깨끗이 집안을 치우고 아이에게 음식도 직접 잘해줄까?' 게다가 연주의 엄마는 일하는 엄마이다. 일도 하고 집안일도 하고, 주말이면 연주의 친구들을 초대해 맛있는 음식도 주고 아이와 많은 시간 공부도 해준다고 들었다. 내년이면 초등학교에 가니까 초등교과서를 사서 시간 날 때마다 선행학습을 시킨다고 했다. 정말 대단해 보였다.

그러나 1년을 왕래하다 보니 연주를 보고 꼭 완벽한 엄마일 필요는 없다는 생각을 하게 되었다. 연주는 무언가를 하고 난 후 완벽히 정리해야 한다는 생각에 빠져 새로운 장난감을 사주어도 단 한 번도 가지고 놀지 않았고, 같이 점심을 먹다가 옷이나 손에 음식물이 묻으면 극도로 민감한 반응을 보이며 밥 먹기를 중단했다. 그뿐만이 아니었다. 연주 역시 무엇이든 잘해야 한다는 강박감에 새로운 일을 할 때마다 불안한 모습을 보였다.

매번 볼 때마다 연주 엄마의 부지런하고 완벽한 모습을 보며, 나름 스스로 반성했는데 차라리 난 완벽주의 엄마가 아닌 것이 다행인 것 같았다. 나는 누군가 나에게 밥을 잘 못해서 부족한 엄마라 하면 이렇게 말한다.

"요즘 아이 중 배고픈 아이는 없는데 정서적으로 메마른 아이가 많다. 아이의 배는 아무나 채워 줄 수 있지만, 아이를 진심으로 사랑하고 아이와 눈을 맞추며 정서적 교류를 하는 것은 아무나 해줄 수 없다."

요즘은 엄마 중 아이의 마음을 채워주지 못한 부모들도 많다. 실제로 나는 밥을 잘해주는 엄마는 아니다. 그래서 주변에서 나를 자주 비난한다. 그러나 아이가 성장발육에 문제 있는 것도 아니고 조금 자주 아픈 감은 있지만 그것을 내 탓이라고 말하는 것도 웃긴 일이라고 생각한다.

그러나 내 주변에 누군가 나에게 집에서 음식을 잘해 먹이라고 비난하며, 그래서 자주 아이가 아픈 것 아니냐고 묻는 사람도 있었다. 모든 음식을 직접 조리해준다고 자신만만하게 이야기한다. 그러나 그 사람은 집에서만 그렇지 자주 나와서 외식하고 똑같이 MSG를 먹이고, 그 집 아이는 결국 어린이집, 유치원, 학교에서도 내 아이와 똑같은 음식을 먹는다. 과연 집에서만 몇 번 유기농, 자연식 좀 먹는다고 다를까?

꼭 유기농 먹이고 첨가물을 먹이고 싶지 않다면 유아 기관, 학교에도 도시락 싸 들고 다니고, 밖에서도 외식하면 안 된다. 그렇게 한다면 정말 인정해 주겠지만 가끔 나보다 음식을 좀 잘해 먹인다고 나를 부족한 엄마라고 이야기한다면 나 역시 할 말은 많다. 엄마들은 각자 다른 이와 비교했을 때 약간 부족한 부분도 있고 나은 점도 분명 가지고 있다. 모든 걸 완벽하게 할 필요도 없고 주변인이 나보다 못한 부분이 있다고 해서 비난할 필요도 없다. 그 부모는 아이의 배를 잘 채워주고 나는 마음을 잘 채워준다고 생각하면 나의 마음은 편안해진다. 내가 절대 나쁜 엄마가 아니고 배만 채워주는 부모보다 낫다고 스스로 위안으로 삼으며 살아간다.

아이가 원하는 것은 엄마의 희생이 아닙니다

나는 엄마가 행복해야 아이가 행복하게 자란다고 생각한다. 그렇기에 엄마들이 완벽하기보다 어딘가 부족하지만, 인간적인 엄마면 충분하다고 본다. 모든 엄마가 완벽한 엄마, 좋은 엄마 콤플렉스를 벗어나 때론 엉뚱하고 철없어 보이더라도 행복한 엄마가 되기 바란다. 좋은 부모가 되고자 노력은 해야 하지만 안 되는 것을 억지로 할 필요는 없다. 아이를 위해 희생적인 부모가 될 필요는 더더욱 없다고 이야기해주고 싶다.

아이가 그 희생을 바라거나 강요한 것도 아닌데 엄마들은 "내가 널 위해 어떻게 했는데?"라는 이야기를 종종 한다. 이 엄마가 아이를 위해 자신을 희생한 것은 사실 대가를 바라지 않는 사랑이 아니다. 아이가 자신이 원하는 무언가 되길 바라며 희생했을 가능성이 크다. 그로 인해 엄마는 주변인들에게 인정받고 아이가 잘되어 나에게 무언가 해주기를 바라고 있었을 것이다. 엄마의 계획대로 잘되지 않았을 경우 아이를 탓하게 된다. 아이가 원하지 않았는데 자기만족을 위한 엄마들의 희생은 결국 대가를 바란 이기적인 것일지도 모른다. 엄마가 이루지 못한 것을 아이를 통해 이루려고 아이에게 부담을 주며 어깨를 짓누르는 것이다. 그것을 바라고 희생하며 엄마로서 더 완벽해지려고 하는 것은 아닐까? 이렇든 저렇든 결국 엄마도 아이도 불행하게 될 뿐이다. 나는 그냥 지금처럼 희생하지도, 완벽하지도 않은 나 자신을 사랑하고 철없지만 행복한 엄마로 살아야겠다.

세상에는 완벽한 엄마는 없다. 완벽해지려고 노력할 뿐이지. 하지만 굳이 스트레스를 받아가며 완벽한 엄마가 되려고 노력할 필요가 없다. 있는 그대로의 모습으로도 충분히 멋있는 엄마니까. 누군가 주변에 완벽해 보이는 엄마들이 있다 해도 부러워할 필요 없다. 분명 어딘가 빈틈이 있든지 아이를 힘들게 하는 것일지도 모른다. 더 완벽한 엄마의 모습이 아니더라도 부끄러워하지 말자. 누군가에게 잘 보이기 위해서 육아를 하는 것은 아니니까!

엄마로서 자신의 약점을 비난받더라도 당당하게 나만의 장점으로 자신을 합리화시키자. 자신의 약점에 대해 죄책감 가지며 스스로 비난하지 않는 행복한 엄마가 되자. 지금부터 힘 빼지 않아도 육아 기간은 아주 길다. 절반도 못 와서 지치면 안 되니까 힘들고 스트레스를 받는 육아가 아닌 행복한 육아로 지금부터 바꿔보자. 아이만 바라보고 있는 엄마들에게 나는 종종 이야기한다.

"어린이집에 아이를 보내고 일을 해보시는 건 어떠세요? 일이 아니더라도 무언가 배운다든지 취미 생활을 통해 자신만의 시간을 가지는 것도 육아하는 엄마들에게 중요해요. 엄마가 힘들고 지치면 아이에게 고스란히 전해지거든요. 엄마가 먼저 행복해지는 게 중요해요. 그래야 아이도 행복해진답니다."

아이만 바라보고 있는 엄마 중 절반은 아이를 지치게 하든지 스스로

지쳐간다. 나는 세상 모든 엄마가 육아에 지치지 않고 아이가 건강한 성

인으로 성장할 때까지 한결같이 행복한 엄마이기를 바란다. 아직도 아이

를 위한다는 명목으로 희생하며 완벽한 엄마가 되고자 노력하고 아이만

바라보고 있는 엄마들이 하루속히 자신을 사랑하고 돌볼 수 있기를 바란

다.

2

아이는 엄마가 생각하고
말하는 대로 자랍니다

무엇이나 이유 없이
이루어지는 것은 없다.

– 세네카, 『은혜론』

살면서 무심코 한 말이 진짜로 이루어진 경험을 해본 적이 있을 것이다. 실제로 말을 하고 귀로 들은 말이 뇌로 전달되어 현실이 되는 것은 각인효과와 관련이 깊다. '사랑해, 좋아해, 고마워' 등의 긍정적인 말은 행복 유도 신경 물질을 분비시키고 반대로 부정적인 말은 우울과 좌절을 유도하는 신경 물질을 분비시킨다. 말 한마디로 어떤 사람은 희망을 꿈꾸기도 하지만 반대로 절망하기도 한다. 이처럼 말은 한 사람의 인생을 바꾸는 힘이 있다.

미국 테네시 주의 작은 마을에 벤 후퍼라는 아이가 있었다. 아이는 체구가 몹시 작고 아버지가 누구인지 모르는 사생아였다. 마을 사람들은 자신의 자녀가 아버지가 누구인지도 모르는 벤 후퍼와 노는 것을 원하지 않았다. 그 때문에 자연히 친구들도 그를 놀리며 멸시했다.

벤 후퍼가 12살이 되었을 때 마을 교회에 젊은 목사님이 부임해왔다. 벤 후퍼는 그때까지 교회에 가본 적이 없었다. 하지만 젊은 목사님이 가는 곳마다 분위기가 밝아지고 사람들이 격려받는다는 소문을 듣고 교회에 가보고 싶었다. 그래서 그는 예배 시간에 좀 늦게 예배당에 들어가 맨 뒷자리에 앉아 있다가 예배가 거의 끝날 시간이 되면 아무도 모르게 살짝 빠져나왔다.

몇 주가 지난 어느 주일 목사님의 설교에 너무나 깊은 감명을 받아 감동에 젖어 있는 사이 예배가 끝나 사람들이 밖으로 나가고 있었습니다. 벤 후퍼도 사람들 틈에 끼어 나오면서 목사님과 악수를 하게 되었다. 목사님은 벤 후퍼를 보고 말했습니다.

"네가 누구 아들이더라?"

갑자기 주변이 조용해졌습니다. 그때 목사님은 환한 얼굴로 벤 후퍼에게 말했습니다.

"그래. 네가 누구의 아들인지 알겠다. 너는 네 아버지를 닮았기에 금방 알 수 있어! 너는 하나님의 아들이야! 네 모습을 보면 알 수 있거든!"

당황해하면서 교회를 빠져나가는 벤 후퍼의 등을 향해 목사님은 말했습니다.

"하나님의 아들답게 훌륭한 사람이 되어야 한다!"

세월이 흘러 벤 후퍼는 주지사가 되어 다음과 같이 말했습니다.

"그 목사님을 만나서 내가 하나님의 아들이라는 말을 듣던 그날이, 바로 테네시 주의 주지사가 태어난 날입니다."

이 내용은 김태광이 쓴 『김태광, 나만의 생각』의 일부이다. 벤 후퍼는 목사님의 따뜻한 말 한마디로 좌절의 순간을 빠져나와 큰 희망을 품고 훌륭한 사람이 되기 위해 노력했을 것이다. 자녀를 잘 키워낸 엄마들의 이야기를 들어보면 공통으로 아이에게 자신감을 주고 어려움을 스스로 극복할 힘을 길러주는 말, 아이에게 항상 미래가 긍정적이고 희망적인 말을 많이 해주었다고 한다.

엄마의 말에는 신비한 힘이 있어요

"할 말이 있으면 말이 아닌 골프채를 휘둘러라. 그것이 너를 대신해서 말을 해주는 최대의 무기이다. 너의 골프채가 너를 대신해서 말하게 해라."

이 말은 흑인이라는 이유로 학교와 사회에서 따돌림과 부당한 대우를 당한 타이거 우즈에게 엄마가 해 준 말이다. 타이거 우즈는 엄마의 말대로 골프채 하나로 모두에게 인정받고 사랑받는 사람이 되었다.

내 주변에도 아들을 멋지게 성장시킨 사람이 있다. 그녀의 아들은 나름의 교육 오지인 통영에서 자라 서울대학교에 가고 스탠퍼드대에서 연구원을 하고 30대의 나이로 현재 교수로 지내고 있으며, 여러 연구실적으로 최근 뉴스에서도 나올 만큼 대단한 인재이다. 그녀는 나의 육아 멘토로 아이를 어린 시절 어떻게 키웠으며 상황별 어떻게 대화했는지 회상해서 들려주었다.

"네가 가는 길이 아무리 험해도 분명한 목적지가 있다면 넌 아무도 생각하지 못한 새로운 길을 분명 만들어 낼 수 있어. 엄마는 믿어. 실패가 많을수록 더 큰 것을 얻을 수 있다는 것을…."

엄마의 생각과 말로 아들은 훌륭한 새로운 것을 만들어 내는 의공학자가 되었다.

엄마가 어린아이를 보며 "아직도 글을 모르는 것을 보니 공부 잘하기는 글렀네."라고 말하면 그 아이는 정말 공부와 담을 쌓고 지낸다. 반대로 "아직은 잘 못하지만 점점 더 잘할 수 있을 거야, 엄마는 네가 열심히 노력하는 모습이 참 좋단다. 노력하다 보면 언젠가는 잘할 수 있어."라고 긍정적인 기대와 격려를 듣게 된 아이는 정말로 점점 더 잘하게 된다. 아이의 인생은 부모가 아이에게 어떤 생각과 기대를 하고 어떻게 말하는지에 따라 확연히 달라진다. 부모의 긍정적인 생각과 말은 아이에게 긍정적인 영향을 주고 부모 자신도 더 행복한 감정을 느끼게 된다.

나 역시 엄마 덕분에 계속 새로운 것에 도전할 수 있는 사람이 되지 않았을까 생각한다. 나는 어렸을 때 무척이나 공부를 못했다. 8살 때는 한글을 떼지 못하여 한글 과외도 했고, 어릴 적의 난 숫자도 잘 몰랐는지 집을 잘 찾지 못하고 아래층이나 위층에서 문을 두드리며 울었던 것 같다. 변명하자면 나는 12월 말에 태어나서 며칠 만에 한 살을 더 먹게 되었다. 8살이 되어 학교는 갔지만 사실상 나는 7살이나 다름이 없었다. 아이들의 몇 달 차이가 어마어마하지 않은가? 하지만 많은 아이를 보며 내 말이 변명일 뿐이라는 것을 느꼈다. 12월생이라서가 아니라 사실 발달이 느리거나 아이큐가 무척 낮을지도 모르겠다.

그러나 엄마는 한 번도 나를 못한다고 비난하지 않았던 것 같다. 오히려 잘할 수 있다고 격려해주었고, 30점을 받아오다가 40점을 받아왔다고 칭찬을 할 정도였다. 나는 포기를 모르는 엄마 덕분에 참 오랫동안 과외를 다니고 학원을 다녔다. 지금 생각해보면 그때는 크게 공부할 의지가 없었던 것 같다. 그래도 엄마의 기대에 부응하기 위해 억지로 공부를 해서 수시에 합격했고, 수시에 합격했지만 수능 최저 등급이 있었는데 수능을 실력보다 잘 보아서 3등급인가 4등급을 받아 4년제 대학을 가게 되었다. 하지만 적성에 맞지 않아서인지 의지가 부족해서인지 대학교에서도 F를 받고 휴학까지 하게 되었다.

그럼에도 엄마는 포기하지 않고 나를 격려하고 일으켜 세웠다. 나를 다른 대학 다른 과를 보내서 결국 졸업도 시키고 유치원 교사까지 만들었다. 내가 결혼을 하고 아이를 낳고 새로운 도전을 할 때마다 엄마는 항상 긍정적인 이야기를 하시며 나를 격려해주신다. 지금 이렇게 어린이집 원장이 되고 대학원 4학기를 끝내고 논문을 쓰고 글을 쓰고 있는 것도 어릴 적부터 내가 무엇을 하든지 잘할 수 있다고 했던 엄마의 긍정적인 말과 격려 덕분인 것 같다. 그래서 새로운 일이나 실패를 두려워하지 않는 것이 아닐까 싶다.

"엄마, 나 늦었지만, 갑자기 공부가 하고 싶어졌어. 지금이라도 대학원에 가고 싶어."

"엄마, 나 글을 써보고 싶어. 책을 쓸 거야."

어린이집을 운영하며 아이도 키우고 있는 내가 뜬금없이 공부하고 글을 쓸 거라고 엄마에게 이야기했더니 엄마는 무척이나 좋아했다. 한번 해보라고, 잘할 수 있다고 격려해주셨다. 주변인들은 "무슨 뒤늦게 공부냐? 네가 무슨 책을 쓴다고 하느냐? 운영하는 어린이집이나 잘 해."라고 하지만 나는 엄마의 기대와 긍정적인 말 덕분에 대학원을 다니면서 글을 쓰고 어린이집도 잘 운영하고 있다고 생각한다. 또 도움이 필요한 엄마들을 상담해주고 부모교육도 하고 있다. 올해는 통영시 열린 어린이집에도 선정되었고 급식 우수 어린이집에도 선정되었다. 앞으로 나는 더 큰 꿈을 가지고 아이들을 키우는 엄마들의 최고의 육아 파트너가 될 것이며 많은 아이가 더 행복한 아이로 자라날 수 있도록 좋은 사람이 되고자 노력할 것이다.

3
_

모든 엄마는
그 자체로 위대합니다

위대한 행동이라는 것은 없다.
위대한 사랑으로 행한 작은 행동이 있을 뿐이다.

– 마더 테레사

엄마는 무직, 주부가 아니라 그 어느 일보다 가치 있고 위대하며 멋진 일을 하는 사람이다. 나는 많은 이들이 선망하는 직업인 의사, 약사, 교사의 직업을 박차고 엄마라는 가장 존귀한 직업을 선택한 사람들을 보았다. 또 변호사가 될 수도, 교수가 될 수도, 또 다른 멋진 직업을 가질 수 있었지만 포기하고 엄마가 된다. 그런데 왜 세상은 아직도 전업 맘의 가치를 소득도 없는 집안일을 하는 사람, 아이 보는 사람으로 폄하할까? 실제로 육아를 피해 일을 한다는 말이 나올 만큼 전업 맘은 힘든 일이다.

그런다고 직장 맘이 육아를 하지 않는다는 건 아니다. 편을 나누자는 것이 아니라 그만큼 육아가 힘든 일임을 강조하고 싶었다. 전업 맘이든 직장 맘이든 엄마라는 것 자체만으로 나는 위대하다고 생각한다.

　나는 전업 맘을 2년 정도 해보았다. 아이를 낳고 아이를 위해 집안일을 하며 오로지 아이만 바라보았다. 너무도 힘들고 지쳐 나는 다시 일터로 뛰쳐나왔다. 주변에서 왜 아이를 더 안 낳느냐고 자주 물었다. 그때마다 나는 "아이가 안 생겨요."라는 핑계를 댔다. 아이가 안 생겨서 아이 하나로 끝난 것 같지만 사실은 아이를 낳는 것보다 또 다른 아이의 엄마가 되는 것이 두려운지도 모른다. 지금 이대로의 삶에 안주하고 싶은지도 모른다. 나는 현재가 무척이나 만족스럽다. 일도 즐겁고 공부도 즐겁다. 아마 내가 아이를 낳아 기르지 않았다면 아이를 낳기 위해 무척이나 노력했을 것이다. 그러나 아이를 낳고 기르다 보니 엄마라는 무게는 그렇게 가벼운 것이 아니라는 사실을 깨달았다. 내가 완벽한 엄마도, 누가 보기에 썩 훌륭한 엄마도 아니지만 그래도 엄마이기에, 엄마만 할 수 있는 일과 아이에게 해주어야 할 것을 해주었다.

엄마가 되었다는 것만으로도 당신은 위대합니다

10달 동안 아이를 배 속에서 안전하게 자랄 수 있도록 항상 몸가짐을 조심하고 바르게 했다. 아이에게 나쁜 영향을 주는 것을 멀리하고 내가 설령 아프더라도 약 하나 먹지 않고 아이를 위해 견뎠다. 아이를 가지면서 나의 몸에는 엄청난 변화가 일어났고 60kg이 되지 않던 몸무게는 아이를 출산할 때 100kg까지 육박했다. 아이를 낳고 부종이 와서 정확히 102kg이었던 것이 생각난다. 내가 많이 먹어서 그런 것도 있지만 아이가 크지 않는다고 병원에서 많이 먹으라고 권했기 때문이기도 했다. 그러면서 허리와 골반이 아파졌고 온몸엔 튼 살로 가득하게 되었다.

아이를 낳을 때의 고통은 이루 말할 수 없다. 낳고 나서 제정신을 찾기 전에 아이에게 젖을 물리고 있었다. 아직 정상적인 몸이 아닌 엄마에게 아이는 수시로 젖을 달라고 울고, 나는 아이에게 모유 한 방울이라도 더 먹이기 위해 정성을 쏟았다.

내가 그렇게 밤낮없이 우는 아이를 먹이고, 재우고, 놀아주는 동안 어느새 아이는 돌이 되었고 나는 아들의 돌잔치 때 몸무게를 딱 60kg으로 만들었다. 1년에 42kg을 빼려면 보통 헬스클럽을 열심히 다니거나 정말 피나는 노력을 해야 할 것이다. 그러나 나는 100일이 지나도 200일이 지나도 끝없이 신생아처럼 울며 보채는 아들 덕분에 음식을 제대로 먹지 못하였고 온종일 쉴 새 없이 아기 띠에 아이를 메고 흔들어서 42kg이나 빠지게 되었다. 그런 과정을 거쳐 이만큼 아이를 키워낸 것만으로 난 충분히 좋은 엄마이며 위대하다고 생각한다. 그런 과정을 거친 내가 스스로 대견하고 자랑스럽다.

아마 내가 한 일은 모든 엄마가 한 일과 동일할 것이다. 엄마들 입장에서 내가 한 일은 특별한 일이 아닐지도 모른다. 그러나 엄마가 아니면 할 수 없는 일이기도 하다. 그렇기에 나는 엄마라는 것 자체로도 위대하다고 이야기하고 싶다.

"어머니는 왜 복직 안 하세요?"

"사실 아이 키우는 것보다 제 일이 훨씬 쉽고 편해요. 그런데 막상 아이를 낳고 보니 아이에 대해 아는 것이 너무 없었던 거 있죠. 그래서 지금부터 아이를 키우는 공부를 해보기로 했어요. 몸으로 스스로 부딪혀가며 좋은 엄마가 되어보려고요. 그리고 일은 나중에 할 수 있지만 육아는 아이가 크면 못 하잖아요. 근데 사실 아이가 크고 나면 일도 못 할 거 같긴 해요. 하지만 전 제 일보다 아이를 잘 키우는 것이 더 중요해요. 지금처럼 아이가 어린이집 가면 여유롭게 운동도 하고, 차도 마시고, 공부도 하고, 아이를 키우는 방법도 배우고요. 아이가 오면 같이 놀아줄 방법은 알아야 하잖아요."

"정말 대단한 결심을 하셨네요. 쉽지 않은 결정이었을 텐데. 의사란 직업을 가지기 위해 오랫동안 공부하셨을 텐데 정말 대단하세요."

"그리고 더 늦기 전에 둘째도 가지려고 준비하고 있어요. 열심히 운동도 하고 좋은 음식으로 몸을 좋게 해서 가질 거예요."

엄마가 되면 아이를 먼저 생각하게 된다. 자신의 일을 포기하기도 하고, 아직 생기지도 않은 아이가 더 좋은 환경에서 지내기 바라는 마음에 운동하며 좋은 음식을 먹으며 좋은 몸을 만들기도 한다. 아이 한 명을 낳아서 기르는 중에 좋은 직업을 포기하고 또 다른 아이의 엄마가 될 거라는 결심을 한 엄마를 보며 난 정말 대단하다고 생각했다. 나는 이 엄마가 무사히 둘째를 가지게 되길 바란다. 그리고 아이가 어느 정도 자라면 이 엄마가 다시 병원으로 돌아가길 바란다. 아이 때문에 무언가를 포기하는 엄마보다는 "너로 인해 더 열심히 할 수 있었어."라고 이야기하는 엄마가 되길 바란다. 나는 아이에게 "너 때문에 내 꿈을 포기했어."라고 말하기보다는 "너 때문에 더 큰 꿈을 가지며 열심히 일할 수 있었단다."라고 이야기하는 엄마가 되고 싶다. 선택은 각자의 것이다. 어떤 것을 선택하든 당신이 위대한 엄마임은 변함없다.

도량이나 능력, 업적이 뛰어나고 훌륭하다는 말이 위대하다는 말인 것은 알고 있었는데 엄마라는 단어와 함께 사용하니 그 깊이가 더욱 깊어지고 위대해지는 것 같다. 나는 아직 육아를 끝마치지 않았기에 그 위대함을 모두 경험하진 못하였다. 아마 앞으로 평생 경험하게 될 것이다. 때론 힘들고 지칠 때도 있겠지만 분명 엄마라는 이름으로 괴력을 발휘해 이겨낼 것이다. 또 지나고 돌아보면 그 힘들었던 일이 아무것도 아니게 되고, 하나의 추억이 되어 있을 것이다. 이 시간을 견뎌낸 것은 내가 엄마이기에 가능한 일이었다. 그리고 모든 엄마가 나와 똑같을 것이라 본다. 이처럼 엄마라는 무게를 이겨내고 살아가는 엄마들은 충분히 위대하다고 이야기해주고 싶다. 그리고 오늘도 전쟁 같은 하루를 보내온 당신에게 경의를 표한다.

4
___

100점 엄마보다
60점 엄마가 되세요

대부분의 사람은
마음먹은 만큼 행복하다.
– 링컨

　요즘은 엄마를 점수로 말하는 시대가 왔는가 보다. 흔히 100점 엄마가
되지 못해서 더 노력해야 한다고, 죄책감 든다고 말한다. 100점 엄마, 80
점 엄마 60점 엄마, 도대체 엄마의 점수의 기준은 무엇인지 궁금해서 엄
마들에게 묻고 인터넷을 찾아보았다.

　100점 엄마의 기준은 무엇일까? 먹을 것을 직접 만들어주고, 옷을 잘
챙기고, 청소를 잘하고, 책을 잘 읽어주고, 아이의 말에 잘 공감해주고,
잘 놀아주고, 아이에게 화내지 않고, 아이가 불편하지 않도록 세심하

게 잘 보살피고, 아이를 남들보다 똑똑하게 키우고, 남들보다 아이와 좋은 관계를 유지하는 엄마, 아이를 위해 자신을 희생하는 엄마…. 끝도 없이 무리하고 많은 것을 요구한다. 많은 엄마가 '현실에서 존재할 수 있을까?' 하는 생각이 드는 이 기준을 지키지 못하면 낮은 점수의 엄마가 되며 이 많은 일을 다 하도록 강요받고 있다. 그리고 100점에 도달하지 못하면 스스로 부족한 엄마라며 비관하게 만든다.

"언니는 엄마로서 몇 점인 것 같아요?"

"글쎄, 한 70점? 나는 약간 기분파인가 봐. 잘하다가도 내 몸이 피곤하고 힘들면 아이들에게 짜증을 내고 화를 내. 그렇게 하고 싶진 않은데 고쳐지지 않아서 아이들에게 참 미안해."

"내가 보기엔 언니는 거의 완벽해 보이는데 스스로 70점밖에 안 되면 난 몇 점인지 모르겠네요. 그런데 언니는 너무 무리해서 오히려 점수가 내려가는 것 아닐까요? 조금 포기한다면 피곤이 덜 하고 아이들에게 짜증이나 화도 안 내게 되지 않을까요?"

"그런가? 그럼 좀 포기해볼까? 근데 어떤 것을 포기해야 해?"

"사람마다 다르지 않을까요? 저는 언니에 대해 정확하게 뭘 포기하라는 말까진 못하겠어요. 저 같은 경우 요리를 포기했어요. 그렇다고 아이를 굶긴다는 것은 아니에요. 다양한 음식을 못 해주니 아이가 다양한 음식 경험이 없어 편식이 생겼어요. 아이와 즐겁게 푸드아트, 요리를 해줄 수 있지만 제가 관심이 없다 보니 계속 내버려두게 되었어요. 무언가 과한 욕심으로 잘하려고 하다 보면 결국 스트레스와 체력 고갈로 아이의 마음에 상처를 주게 되더라고요. 저도 경험했거든요. 그래서 이제는 일단 제 몸과 마음을 먼저 챙기고 그다음에 아이 마음을 챙기려고 노력하고 있어요."

주변 엄마들에게 자신의 엄마 점수를 매겨보라면 보통 60~70점이 가장 많이 나왔다. 슬프게도 90~100점이라 이야기한 엄마는 한 명도 없었다. 그러나 실망할 필요가 없다. 60점은 어떠한 자격증을 딸 때 필요한 평균적으로 필요한 점수이다. 그 말은 60점만 넘으면 어떠한 일의 전문가가 될 기본이 갖추어졌다는 의미이다.

사실 엄마의 역할에 대한 점수를 내는 데 각기 다른 점을 중점으로 두고 점수를 매겼는지 모른다. 왜냐하면 100점 엄마, 좋은 엄마에 대한 기준은 사람마다 다르며, 자신의 경험 때문에 엄마의 역할이 정해지기 때문이다.

    내 경우 어릴 때 항상 일하는 엄마는 바빴지만 나에게 최선을 다해 맛있는 음식을 해주고자 했다. 그러나 어릴 적 내 마음을 크게 보듬지는 못했던 것 같다. 나중에 크고 나서는 엄마가 나를 포기하지 않고 격려하고 이끌어주어 감사했지만 나의 초등학교 일기장을 보면 엄마와 난 소통이 제대로 이루어지지 않았다 싶을 정도였다. 그래서인지 어릴 적 난 커서 엄마가 되면 절대 엄마처럼 아이를 키우지 않겠다고 다짐했다. 그러나 나 역시 비슷하게 아이를 키우는 엄마가 되었고 나는 과감하게 많은 것을 던지고 마음만 보듬는 엄마가 되고자 노력하고 있다.

    그러나 내 아들은 나와 다르게 생각할지도 모른다. '조금 더 커서 부모가 되면 나의 부모처럼 되지 않고 조부모처럼 되어야지.'라고 생각하거나 다른 좋은 부모가 되기 바랄지도 모른다. 결국 각자 개인적인 경험을 바탕으로 좋은 엄마의 기준을 만들어 자신만의 엄마의 길을 걷는다. 그러다 보니 세상 모두에게 통용되는 100점 엄마는 없을지도 모른다. 그런데도 스스로 100점 엄마가 아니라며 자책하고 죄책감 가지는 것은 정말 쓸데없는 일이다.

남의 시선보다 나의 마음에 귀를 기울여야 행복해질 수 있어요

나도 100점 엄마를 꿈꾸던 시절이 있었다. 처음 아이를 가졌을 때부터 100점 엄마가 되기 위해 스스로 공부도 하고 아이가 밤낮 정신없이 울어 댈 때 나의 몸을 돌보지 않고 오로지 아이만을 위한 시간을 보내었던 것 같다. 그러면서도 더 좋은 엄마가 되기 위해 애썼다. 아이에게는 행복을 주는 엄마, 시부모님이 보기에 아이를 똑똑하게 키우는 며느리, 친정엄마가 보기에는 아이에게 잘 먹이는 딸, 남편에게는 집안일 잘하고 아이를 잘 돌보는 아내가 되기 위해 전전긍긍했었다. 직장에서는 일 잘하는 교사, 좋은 선생님이 되기 위해 노력했다. 모든 일을 잘 해내는 슈퍼우먼을 꿈꾸었다. 더 잘하고 싶은데 왜 계속 짜증이 나고 지쳐가는지 생각할 겨를도 없었던 것 같다.

정말 노력했는데 아이에게 화가 나고 다그치게 되고 아이와 점점 멀어져가는 것 같았다. 나의 노력은 아이가 원하지 않는 방향으로 간 것이었나 보다. 나의 노력이 허무하고 슬펐다. 내가 원하는 슈퍼우먼이 되지 못해 스스로 한심하다고 느꼈고 모든 것이 귀찮아졌다.

배려심 깊은 아들과 가정적인 남편, 부모님, 시부모님 덕분에 마음의 휴식기를 지내고 다시 일어설 수 있었다. 내가 모든 것을 다 잘해낼 수는 없다고 인정하게 되었다. 그러고 나니 모든 것이 편안해졌다. 100점 엄마를 꿈꿀 때보다 아들과의 관계, 남편과의 관계가 더욱 좋아지고 일의 능률도 올랐다. 이후 공부도 하고 글도 쓰게 되었다. 이제야 내 삶을 찾고 아이에게 자신의 삶을 돌려준 것 같다.

무언가를 잘하고자 노력했을 때는 아이의 삶도 오로지 내 책임인 것 같아 더 잘해야 할 것 같고 무언가 불안한 마음이 가득했다. 내가 아들을 어떻게 해주어야 할 것 같아 아이를 따라다니며 걱정하고 짜증 내는 잔소리꾼이었던 나는 이제 아이가 스스로 무언가를 하도록 가까운 곳에서 지켜보며 내 도움이 필요할 때 언제든 다가가 도와줄 수 있는 엄마가 되어가고 있다.

설령 누군가 아이에게 관심을 가지라고 충고해도 난 신경 쓰지 않는다. 그들의 눈에는 내가 좋은 엄마가 아니더라도 괜찮다. 나는 충분한 관심을 가지고 아이를 지켜보고 있다. 후다닥 달려가 무언가를 해주지 않는다고 해서 나의 관심이 부족한 것이 아니라 이야기해주고 싶다. 아이 역시 지금의 엄마를 더 좋아하고 사랑한다는 것을 느낀다. 남들 눈에 어떤 엄마이든 나는 사회가 요구하고 이상적인 좋은 엄마이기보다 내 아이가 좋아하는 엄마로 남으련다.

만약 아직도 우리 사회가 바라는 이상적인 엄마의 모습에 끼워 맞추기 위해 전전긍긍하고 있다면 과감하게 무시해라. 이상적인 엄마 역할을 완벽히 해내려고 해도 영원히 만족하지 못할 것이다. 그런다고 아이가 절대 잘 자라는 것도 아니다. 엄마가 노력할수록 아이가 오히려 더 힘들어질 수도 있다.

아이를 잘 키우는 방법이 모두에게 똑같지 않듯이 엄마의 역할 역시 모두에게 같은 잣대로 점수를 매길 수 없다. 그러므로 60점이라고 스스로 생각해도 충분하다. 세상이 원하는 100점 엄마가 아닌 나만의 엄마 역할을 하는 나다운 엄마가 되는 것을 추천한다. 남들의 눈에 좋은 엄마가 되는 것보다 내 아이가 좋아하는 엄마가 되는 것이 더 중요하지 않은가.

매일 반복된 노동에 지쳐 혹시나 아이에게 화를 내고 상처를 줄까 걱정하며 내가 아이를 잘못 기르고 있는 것이 아닌지 불안해하는 엄마들에

게 이야기해주고 싶다. 60점 엄마면 충분하다. 완벽하지 않아도 노력하

는 엄마면 된다. 때론 게으르고 부족하고 이기적이어도 괜찮다. 자신의

삶을 소중히 여기고 아이의 삶을 대신 살아주지 않아도 괜찮다. 아이가

스스로 자신의 삶을 개척할 기회를 주는 것이 엄마가 해주어야 할 일이

다.

5
_

엄마가 행복해야
아이가 행복하게 자랍니다

행복을 밖에서 구하는 것은 지혜를
남의 머릿속에서 구하는 것보다 헛된 일이다.
참다운 행복은 자신의 마음속에 있다.

– 마테를링크

행복을 연구하는 학자들에 따르면 행복도 일정 부분 유전된다고 한다. 어떤 이는 행복유전자가 따로 있어서 부모가 행복을 잘 느끼는 사람인 경우 자녀도 그렇다고 한다. 그러나 나는 다르게 생각한다. 만약 정말 행복이 유전이라면 그 유전자를 가지지 못한 사람은 너무도 불행하지 않을까.

그래서 새로운 가설을 내놓는다. 짜증이나 웃음이 옆에 사람에게 전달되어 전염되듯이 행복도 마찬가지라 생각한다. 행복한 사람 옆에는 행복한 사람이 많고, 불행하다고 느끼고 자신을 비관하는 자 옆에는 부정적이고 비관적인 사람이 많다고 생각한다. 모두 경험해보았을 것이다. 누군가 계속 짜증을 내면 나도 모르게 같이 짜증을 내지 않는가. 또 뉴스를 통해 들었을 것이다. 가족이나 친한 지인이 자살했을 경우 얼마 지나지 않아 가까운 이가 또 자살했다는 기사를. 그렇듯 행복도 마찬가지로 가까운 사람이 행복해져야 옆 사람도 전염되어 행복해진다고 생각한다. 밑져 봐야 본전이니 우리는 나뿐만 아니라 내 아이, 내 가족, 나와 친한 다른 사람들을 위해서라도 행복해져야 한다.

분명 우리는 누군가를 통해 이 이야기를 들어본 적이 있을 것이다. '엄마가 행복해야 아이가 행복하게 자란다.' 부정적인 마음으로 이 말을 들으면 불쾌감이 생길 것이다. '뭐야? 그러면 엄마가 불행하면 아이도 불행하라는 거야?'라는 생각을 가지게 되고 억지 행복을 만들어 내야 할 것 같은 불안감이 생긴다. 그러나 행복은 멀리 있는 것이 아니다. 아주 가까이에 있다. 바로 내 마음속, 긍정적인 마음으로 모든 것을 아름답게 보려는 마음가짐에서 나온다.

그러나 긍정적인 마음은 기본적으로 내 몸과 마음이 편안해져야 생길 수 있다. 엄마라는 이름으로 모든 것을 희생하고 노력한다고 꼭 좋은 엄마가 아니듯이 희생만 하는 것은 행복과 더욱 멀어지기만 할 뿐이다. 나자신을 사랑하고 엄마의 역할을 내가 할 수 있는 만큼 하며, 즐겁고 편하게 육아를 하다 보면 마음의 여유가 생긴다. 그 여유로 인해 더욱 긍정적인 마음을 가지고 행복을 잘 느끼게 된다.

육아는 힘들다. 하지만 인생에서 더 힘든 일이 넘쳐난다. 나는 하는 일마다 쉽게 가는 일이 없을 정도로 힘들었다. 그러나 힘들기만 하면 아마 그만두었을지도 모른다. 가끔 성취감과 보람도 함께 주기 때문에 그 달콤한 보상을 바라며 열심히 일한다. 육아 역시 마찬가지다. 힘들기만 한 것이 아니라 기쁨과 행복을 함께 준다. 아이가 주는 기쁨과 행복으로 나는 즐겁고 행복한 마음으로 아이를 육아한다.

우리가 아이를 키우는 시간은 많은 시간이 걸린다. 아직 절반도 못 가서 육아에 치지고 싶지 않다면 아이를 믿고 나를 보살피며 몸과 마음에 여유를 가지자. 육아 이제 시작했을 뿐이다. 앞으로 더 힘들고 많은 일이 남았다. 행복한 마음으로 육아를 하고 있어야 더 오래 버틸 수 있다. 실제로 아이들이 조금 더 자랄수록 부모의 고민은 더 자라게 된다.

학업, 학교폭력, 탈선 등으로 부모 상담 시 우는 엄마를 만나면 그들의 두려움과 외로움에 감정을 이입하게 되어 나까지 울게 된다. 엄마들을 울게 만드는 이유는 너무나 다양하다. 나 역시 돌도 안 된 아이를 안고 매일 울었다. 시도 때도 없이 우는 아들이 몸이 아픈 것은 아닌지, 왜 우는지 알 수 없어 너무 두려웠다. 돌아보면 별것도 아닌 일에 집착하고 불안해했던 것 같다. 그때 누군가가 나에게 부정적이고 불안한 마음으로 육아를 하지 말고 행복한 마음으로 육아를 하라고 알려주었다면 나는 더 빨리 깨달음을 얻었을 것이다. 내가 어쩔 수 없는 것을 포기하고 인정했을 것이다.

나는 어린 아이를 키우는 워킹 맘이 일을 하는 것을 미안해하며 우는 것을 보았다. 아이와 함께 많은 시간을 보내지 못해서 미안한 마음이 나를 힘들게 한다면 일을 그만두면 된다. 만약 그럴 사정이 되지 않는다면 마음속으로 끙끙대지 말고 쿨하게 포기하고 다른 방법을 찾아야 한다.

나는 그 엄마에게 딱 잘라 말해주었다. 절대 미안해할 필요 없다. 어떤 선택을 하든지 모두 후회를 하게 된다. 오랜 시간 아이와 함께하지 못해도 퇴근 후 아이와 소통하고 경청하고 공감함으로써 보상하라고 이야기

했다. 오랜 시간 아이와 실랑이하며 아이와의 관계를 악화시키는 것보다

는 차라리 짧은 시간을 더 잘 보내는 것이 중요하다고 이야기해주었다.

일과 육아를 병행하기에 몸과 마음이 너무나 힘들 때는 쿨하게 집안일을

내버려두는 것도 좋다고 조언했다. 전업 맘보다 경제적인 여유를 자신과

아이를 위해 써라. 집안일을 미루어두었다가 힘들고 시간이 없다면 당당

하게 가사도우미 불러서 도움을 받아 현명하고 즐겁게 여유를 누리라고

이야기해주었다. 집안일도 중요하지만 밖에서 일하고 돌아왔으니 아이

와 집에서만큼은 집안일보다 아이와 시간을 보내고 휴식을 취해라.

　전업 맘이든 워킹 맘이든 그 자체가 행복의 조건이 되는 것은 아니다.

아이와의 관계에서도 마찬가지이다. 많은 시간을 함께 지낸다고 무조건

좋은 것은 아니다. 그러므로 괜한 죄책감 느끼지 말고 함께 있는 동안이

라도 즐겁고 행복하게 보내라.

아이뿐 아니라 자신도 돌보는 엄마가 되세요

　엄마의 화, 짜증, 한숨, 희생과 고통에서 자라면서 행복이 무엇인지 잘

아는 아이는 없다. 아이가 행복하게 살기 바란다면 아이에게 무언가를

해주지 말고 엄마 스스로 행복한 사람이 되어야 한다. 엄마가 해줄 일은 아이의 문제를 해결하는 것도, 아이의 과제를 대신 해주는 것도, 엄마 자신을 희생하는 것이 아니라 자신을 사랑하며 행복한 모습을 보이는 것이다. 행복은 남이 만들어주지 않는다. 내가 노력하고 스스로 만들어가는 것이다. 행복은 스스로를 돌보아야지만 가질 수 있다.

예전 엄마들의 목표가 아이의 성공이었다면 요즘 엄마들은 무엇보다 아이의 행복을 최종 목표로 삼는다. 요즘 엄마들은 아이가 자라서 무슨 일을 하든지 본인이 행복하다고 느낄 수만 있다면 그것으로 성공한 인생이라고 믿는다. 자신의 행복을 위해 최선을 다하는 엄마는 아이가 행복해질 수 있는 방향을 제시할 수 있다. 그러나 엄마가 불행하다고 생각하고 스스로 불행하게 만든다면 아이 역시 불행한 삶에 가까워지게 된다. 모든 것은 마음가짐에 달려 있다. 나와 아이가 행복할 수 있다면 마음을 빨리 바꾸어야 한다.

내 주변에는 아이를 키우는 동안 전업 맘을 하며 화장품도 하나도 안 사서 썼다는 사람이 있다. 나에게는 너무나 큰 충격이었다. 지금 당장 어려운 상황이라 돈을 아끼려고 자신에 대한 투자를 게을리한다면 결과적으로 더 큰 것을 잃게 될 수도 있다. 또 그녀는 아들이 둘인 탓인지, 무엇이 문제인지는 몰라도 5년간 아이와 떨어져 목욕탕 한 번 가보지 못했다고 한다. 나와 목욕탕에 같이 가서는 너무 행복하다고 이야기했다. 그러면서 앞으로는 자신을 위한 시간을 가지고 살아야겠다고 이야기했다.

나는 반드시 자신을 위한 투자를 하며 가끔 자기만의 시간을 가지는 것이 중요하다고 자신 있게 말한다. 자신이 원하는 것을 하는 시간은 모든 엄마에게 꼭 필요하다. 나는 현재 나만의 시간을 대부분 글쓰기에 투자하고 있다. 우연한 기회로 '한책협'(한국책쓰기1인창업코칭협회)를 통해 글쓰기 도사인 김태광 도사님을 만나 그분의 가르침을 받고 글을 쓰게 되었다. 나는 그분을 통해 글을 쓰고 작가가 되는 법뿐 아니라 진정한 행복을 알게 되었다. 긍정적인 마인드를 장착하고 더 나은 내일을 위해 살아가는 법을 배우며 모든 것에 감사하며 행복을 느낄 수 있게 되었다.

내 책을 읽는 누군가도 힘든 육아의 고통에서 벗어나 즐겁고 행복한 육아를 하고 일상에서 아름다움을 느끼며 행복한 나날을 보내기 바란다. 또 자신을 사랑하며 투자하고 자신만의 시간을 가지면서 더욱더 나은 내일을 기약하기 바란다.